Facebook広告 完全活用ガイド

小さな会社&お店でも低コストで集客できて売上アップ!

佐藤雅樹 Masaki Sato
濱田耕平 Kohei Hamada
浅利正也 Masaya Asari

日本実業出版社

はじめに

Facebook広告に関する書籍は、これまでにも数多く出版されてきました。その中で、今回私たちがあらためてFacebook広告について執筆しようと思った理由は、数ある書籍の中に、出稿までの細部に至る流れを書いているものが少ないと感じたからです。

ほとんどの書籍が広告マネージャの構造のみを簡単に記載しているだけなので、すでに広告業界で使われる専門用語を理解している人向けのものが多いという感じを受けています。

本書では、Facebook広告の基本からはじまり、ビジネスマネージャの構造からピクセルの発行手順、クリエイティブの作成や広告文作成のコツ、キャンペーンなどの目標・種類、業種別の事例集など、ゼロから学ぶ初心者でもFacebook広告のことがくわしくわかるようになっています。

Facebook広告は莫大な広告予算をかけなくても効果が見込め、参入障壁が低いことが特徴です。しかし、まったくの素人が出稿しようとすると、面倒な手続きなどが多く、苦戦してしまうのも事実です。

私たちの会社には、月平均30～40件程度のFacebook広告に関する問い合わせがきます。その中の半数が、「月5万～10万円で広告出稿できないか？」という内容で、残りの半数は「自分でやろうとしたが挫折した。なんとか助けてほしい」というものです。

このような悩みを持つ方が、本書を読むことで、出稿まで自分自身の力でできるようになってもらいたい……そこを目的として執筆しました。

本書を書いている中で、当然のようにFacebook広告の管理画面の仕様変更が頻繁に発生しました。本書が書店に並ぶギリギリまで調整をし、最新の管理画面で掲載手順を書いていますが、さらなる変更が加わっているかもしれません。

しかし、それほど変更が多い広告であるということは、まだまだ発展途上であるともいえます。Instagram広告の仕様変更や、Instagramストーリーなどの広告機能追加などは特に頻繁に変更が入りますが、その分、新規参入で入り込む余地はまだまだ多く残されているのです。

本書を手に取っていただいたFacebook広告未経験の方が１人でも多く、Facebook広告のすごさを実感していただけることを願っています。

2018年６月

株式会社　Ad Listing

佐藤 雅樹

濱田 耕平

浅利 正也

CHAPTER_1

Facebook広告とは?

CHAPTER_2

はじめる前に準備する5つのこと

CHAPTER_3

成果を出すための効果的な作成方法

CHAPTER_4

集客につながる「クリエイティブ」の考え方

CHAPTER_5

配信を開始したらやっておくべきこと

CHAPTER_6

さらなる効果が期待できる「カスタムオーディエンス」

CHAPTER_7

特殊な広告の入稿方法

CHAPTER_8

集客アップにつながる配信結果の分析方法

CHAPTER_9

業種別に紹介！ Facebook広告成功事例集

付録

カバーデザイン　冨澤 崇（EBranch）
イラスト　チボリ / PIXTA(ピクスタ)
本文デザイン・DTP　浅井寛子

CHAPTER_1

Facebook広告とは？

Facebookのタイムライン上で、
友達の投稿の間に表示される広告が
「Facebook広告」です。
意識していないと見逃していたり、
広告と気づかずクリックしたりした経験がある人も
多いのではないでしょうか。
このCHAPTERではFacebook広告とは
どういうものなのか、
基本的な概要から把握していきます。

CHAPTER_1

01 Facebook広告で何ができる？

Facebook広告は文字通り
Facebookを利用して配信する広告です。
Facebook広告を知る前に、そもそもFacebookとは
何かを把握しておくことが大切です。

Instagramを吸収して、勢いが不動のものに

Facebookは全世界で15億4000万人を超えるアクティブユーザー（実際に利用しているユーザー）がおり、その中の70%のユーザーが毎日利用しています。25～34歳のユーザー数が最も多く、モバイルのみの利用者も69%ほどになっています。

また、2012年４月９日に、Facebook社は写真共有SNSであるInstagramを買収しました。それを受け、Instagramの利用者は年々増加しています。

とくに、日本でのInstagram利用者数の増加は目まぐるしく、2018年はじめにはアクティブユーザー数が2000万人を突破したともいわれています。その増加率はどんどん加速しており、2019年には日本国内のアクティブユーザー数でFacebookの利用者を追い抜くのではともいわれているのです。

実名制により細かなターゲティングを行なうことができる

Facebook広告とは、Facebook、Instagram利用者のタイムライン上に

掲載できる広告のことを指します。実名制のSNSという特性を活かし、細かなターゲティング（対象ユーザー設定）を行なうことができ、さまざまな角度から広告の成果を分析できます。

最低出稿金額のようなものはなく、とりあえず１万円で１週間ほど広告配信をしてみるということも可能となっており、多くの人が広告配信できるようになっています。

主要SNSのユーザー数とユーザーの特徴

SNS 名	国内月間利用者数	ユーザーの特徴
Facebook	2800万人（2017年9月）	20代、30代男女が主。 30代女性の利用率は約6割。
Instagram	2000万人（2017年10月）	30代以下の女性が主体。 10 ～ 30代女性の利用率が約4割。
Twitter	4500万人（2017年10月）	10代、20代男女が主。 10代、20代男女の利用率が約6割。 20代女性は約7割。
LINE	7300万人（2018年1月）	10～60代すべてで利用率トップ。 20代、30代では男女とも利用率9割を超える。

※Facebook は 2017 年 9 月、メディア向けラウンドテーブルでの発表より。
※Instagram は 2017 年 10 月 3 日の日経新聞記事より。
※Twitter は TwitterJapan 公式アカウントのツィートより。
※LINE は 2018 年 1 月 31 日発表の「2017 年 12 月期通期決算説明会」の媒体資料より。
※ユーザーの特徴は「平成 29 年版情報通信白書」（総務省）より。

CHAPTER_1

02 Facebook広告とリスティング広告の違い

Facebook広告をはじめるにあたり、注意してほしいことがあります。
それは、「他の広告と同様な成果を求めない」こと。
特にGoogle AdwordsやYahoo!プロモーション広告など、
通称「リスティング広告」と呼ばれる広告と
同列で捉えないことが重要です。

□ 顕在層→リスティング広告、潜在層→Facebook広告

リスティング広告とは、「検索キーワード」に応じて広告を出稿し、クリックに応じて課金される仕組みのことを指します。つまり、ユーザーが情報をほしいときにGoogleやYahoo!などを用いて検索し、その検索結果上に狙い打ちで広告を配信することができます。

一方Facebook広告は、ユーザーが何気なく見ているタイムライン上に広告を配信していくシステムを用いています。リスティングと大きく違う点は「ユーザーがいま欲している情報かどうかはわからない」ということです。

つまり、顕在層と呼ばれる、すでにそのサービスや商品を欲している、類似商品と比較している、サービスを探しているユーザーに打つ広告がリスティング広告の対象です。潜在層と呼ばれる、まだサービスを認知していない、知っているけど、いま欲しているわけではないユーザーなどに広くアプローチをかけることができるものがFacebook広告の対象だと、大きく捉えることができます。

かけ合わせで効果が生まれる

では、Facebook広告では求めた成果が出せないのか？

答えはNoです。

FacebookやInstagram広告でも成果を出すことは大いに可能です。ただし、リスティング広告でも同様にユーザーに欲されるサービス・商品なのかということがポイントです。また、それらの魅力が伝わるランディングページ（サイト）なのかという点も重要です。

ユーザーは、さまざまな場面で広告と接触する機会が増えており、広告に向けられる目は年々肥えてきています。その中で、一方的に売りつけるようなサービスや商品は、決して成果を出すことはできません。

訴求する内容が本当にユーザーが求めていることなのかを、しっかり熟考することが重要なのです。

Facebook広告とリスティング広告では立ち位置が異なりますが、だからこそ、かけ合わせて上手に使うことで相乗効果を生むこともあります。

例えば、FacebookやInstagramで１度見た動画を覚えているユーザーは少ないですが、何度も目にすることで動画自体やサービス、社名まで覚えてしまうことがあります。

気になったものをユーザーは詳しく知ろうと思ったとき、検索するケースが非常に多いです。サービス名を覚えていればサービス名で、社名を覚えていれば社名で、なんとなく商品を覚えていれば商品に関連するキーワードで検索をします。そこへ狙い打ちをし、リスティング広告を出すことで、一層サービス理解をしてもらうことが可能となり、その結果、リスティング広告の成果も向上する、ということがあります。

これは決して稀なケースではなく、どの企業やどんなプロダクトでもいえることです。

このように、どちらの広告がよい、悪いというのはなく、それぞれの媒体の特性を理解し広告を配信するよう心がけてください。

以下の図は、顧客の購買プロセスAISCEAS（アイシーズ）というモデルに照らし合わせて、各SNSを使用して、どのようにリードナーチャリング（見込み顧客の育成）に活用できるかを示したものです。

どの広告がよい、悪いというのではなく、それぞれの媒体の特性を理解し広告を配信するよう心がけていくことが大切です。

それぞれの媒体の特性を理解し広告を配信する

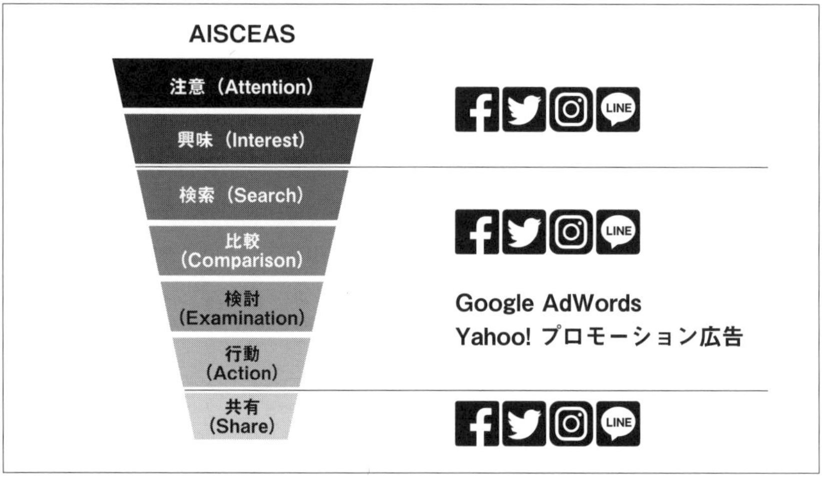

※上記はあくまで媒体のアプローチイメージのため、この限りではありません。

CHAPTER_1

03 Facebook広告が注目され続けている理由

費用対効果が高く、成果が出やすいFacebook広告。
ここまで注目されるようになった理由とは？

注目され続ける3つの理由

Facebook広告が注目され続けている理由はいくつかありますが、大きく分けると次の３つが挙げられます。

①精度の高いセグメント設計ができる

②リスティング広告との相性がよく、リスティング広告で拾えない層を吸収できる

③Instagram広告とも連動し、より多くのユーザーに広告が配信できる

まず、Facebook広告は費用対効果が高く、成果が出やすい点が最大の魅力です。

Facebook広告は潜在層向けの広告となるため、最初はあまり注目されていませんでしたが、他の広告媒体の運用に限界を感じた企業が広告を配信したところ、「想像以上の成果を出すことができた」という声が続出しました。

それにより、多くの企業がFacebook広告に参入しはじめ、Facebook広告そのもののサービスもどんどん拡張し、１つの広告媒体としてリスティング広告に負けないほどの価値を有するまでになっていったのです。

CHAPTER_1

04 Facebook広告の仕組み

まずは、Facebook広告の基本的な仕組みについて紹介します。
Facebook広告がどういう構造になっているかを
理解しましょう。

☐ 基本的な5つの仕組み

Facebook広告の基本的な仕組みは、次の５つに集約できます。

仕組み①　広告の基本的な掲載箇所は７つ
仕組み②　アカウントは３つの構成でできている
仕組み③　課金方式はCPMとCPCの２つがメイン
仕組み④　配信先は広告目的を達成しやすいユーザー
仕組み⑤　成果のよい広告を自動的に判定

ここから１つずつ説明していきます。

☐ 仕組み①　広告の基本的な掲載箇所は7つ

Facebook広告を使って配信できる広告の掲載箇所は、Instagramを含めて全部で７つあります。それぞれの掲載箇所と特徴は次のようになります。

・モバイルニュースフィード

スマホユーザーが多いので、クリックやCV（コンバージョン、成約のこと）の成果が高くなる傾向にあります。基本的に広告を配信する際は、使用する掲載面になりますが、B to B商材の場合は掲載しない場合もあります。

・デスクトップニュースフィード

スマホで購入しにくい商品は、こちらのほうが成果は高い傾向があります。B to B商材や高額商材がそれに当たり、モバイルが増えたとはいえ、実際に検索し比較検討が必要な商品は、まだまだPCのほうが成果は高い傾向にあります。

・右側広告

CVはあまり出ませんが、運用効率を高める傾向があります。Facebook広告の広告配信の仕組みは、広告運用について説明するときにあらためて触れますが、右側広告を配信したほうが広告の成果が高まりやすくなります。

モバイルニュースフィード（左）、デスクトップニュースフィード（PC画面中央）、右側広告（PC画面右）。

・オーディエンスネットワーク

クリック単価が安いため、リマケリスト（※）を貯めやすい傾向にあります。広告の掲載箇所を見ればわかると思いますが、ユーザーが誤ってクリックしやすい場所に広告が掲載されるため、確度は高くありませんが、リマケリストは貯めやすいので、リスト目的で配信に使用することが多いです。

※「リマーケティングのユーザーリスト」の略で、リマーケティングタグ（ユーザー追跡用タグ）で蓄積したユーザーリストのことを指します。このリストが増えることで、追跡広告を配信できるユーザー数が増えます。

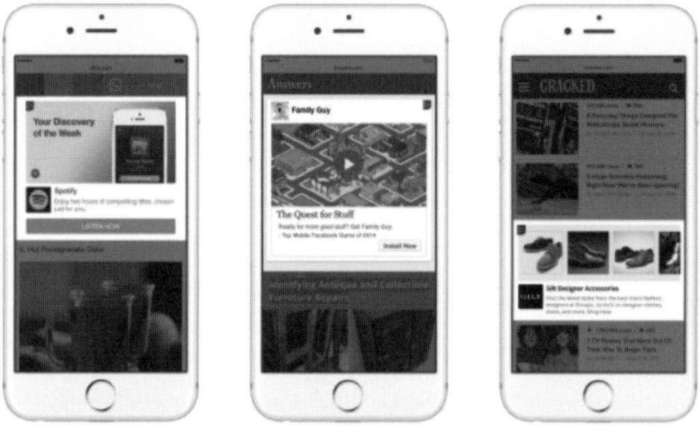

Facebook社と連携しているアプリやサイトなどに広告配信が可能

・Instagram広告

20代、30代の女性をターゲットにした商材は相性がいい傾向にあります。Instagram広告は、クリック単価が高い分、CV率も高い傾向があります。ですが、クリック単価が高いため、まずはFacebookで様子を見てから配信しましょう。

Instagramユーザーのタイムラインに
広告配信が可能

・Instagram Stories

Instagramには通常の投稿とは異なる「ストーリー」と呼ばれる掲載面があります。一般ユーザーがストーリー投稿をした場合、1日で投稿内容は削除されます。一般ユーザーのストーリー投稿の間に静止画や動画の広告を配信することが可能です。

Instagramのストーリーに広告配信が
可能（画像、動画のどちらのタイプでも配信が可能です）

・Messenger

Messengerとは「Facebook Messenger」を指しており、Messenger内に掲載する広告のことをいいます。Messengerのモバイルアプリの「ホーム（Home）」タブ内に表示されます。

Messengerのアプリ内に
広告掲載が可能

□ 仕組み②　アカウントは3つの構成でできている

Facebook広告で使用するアカウントは、次の３つの構成からできています。

①キャンペーン
②広告セット
③広告

それぞれ次のような特徴があります。

アカウントは３つの構成でできている

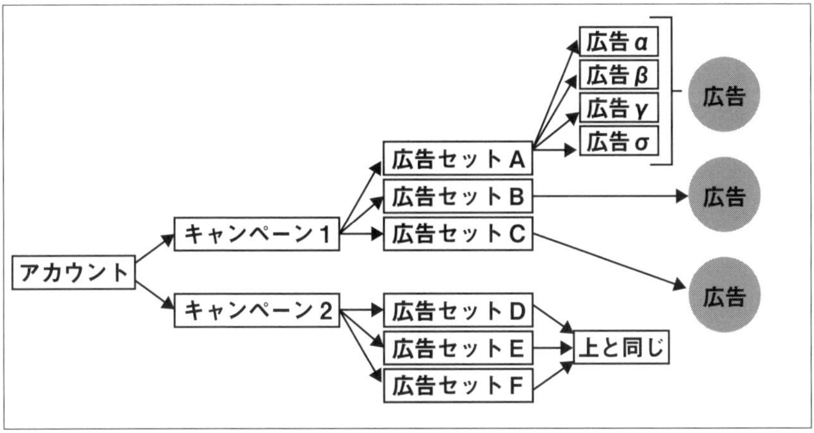

キャンペーン、広告セット、広告の３要素から成り立っています。

①キャンペーン

広告の配信目的を選択することができます。Facebook広告を使って実現したい目標を選択するので、キャンペーンの目的＝広告の目的になります。

②広告セット

広告を配信するユーザーや広告の掲載箇所、掲載時間など、広告配信の多くを決めることができます。

③広告

広告文やバナーを決めるだけでなく、広告の出稿形式（画像や動画など）を決めることができます。どういった形でターゲットユーザーに訴求を行なえば、最も高い成果が期待できるかを考えながら広告を作成していきます。

実際のアカウント構築イメージ

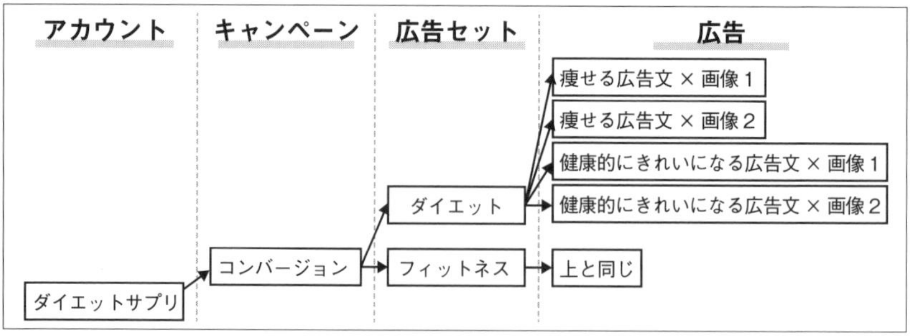

商品やサービスの目的を決め、キャンペーンやターゲット別に広告作成が可能です。1つの広告セットに5～6個の広告が最適化が速いといわれています。

仕組み③　課金方式はCPMとCPCの2つがメイン

Facebook広告の課金方式は、次の２つになります。

- CPM 課金（インプレッション課金）
- CPC 課金（クリック課金）

2つの課金方式

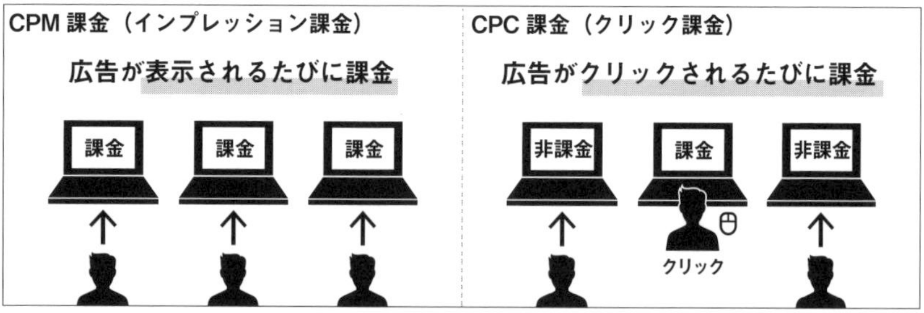

CPM課金（インプレッション課金）とCPC課金（クリック課金）。

・CPM課金（インプレッション課金）

広告が1000回表示させるたびに費用が発生する課金方式になります。リスティング広告に慣れている人にとっては意外かもしれませんが、Facebook広告ではCPM課金のほうが成果が高い傾向にあります。

・CPC課金(クリック課金)

広告がクリックされるたびに費用が発生する課金方式です。リスティング広告と同じで、広告にユーザーが反応するとお金がかかるので、無駄なお金が発生しないイメージがあります。しかし、結果的にCPM課金より無駄なお金が発生してしまうケースが多いです(この理由は次の「仕組み4」で説明します)。

CPC と CPM の違い

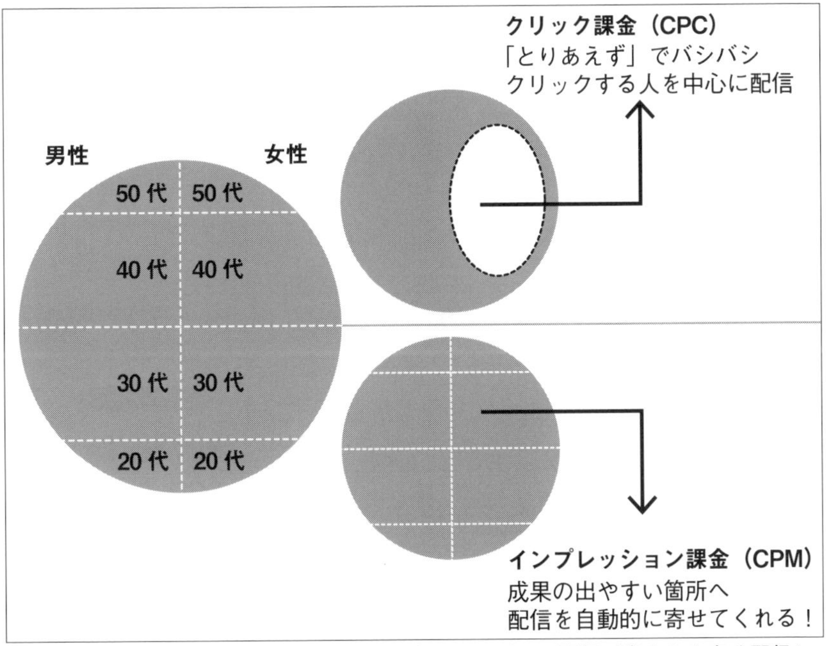

CPC(クリック課金)ではクリックをしやすいユーザーへ配信が寄るため広く配信し、成果を高めていきたい場合はCPM(表示課金)を推奨します。

CPC課金の例

CPC（クリック課金）の場合、①～⑦のいずれかをクリックすると料金が発生します。

二次拡散が無料でできる

広告がクリックされるか、表示されるかすると課金されますが、ユーザーが広告に対して「いいね！」「シェア」などをすると、ユーザーとFacebookでつながっている友達に「二次拡散」をすることができます。

二次拡散に関しては、広告主が配信したわけではなく、ユーザーが拡散したものになるため、費用が発生しないメリットがあります。一方、広告ではなくなるため、管理画面でコンバージョンなどを追うことができなくなるといったデメリットもあります。

二次拡散のメリットとデメリット

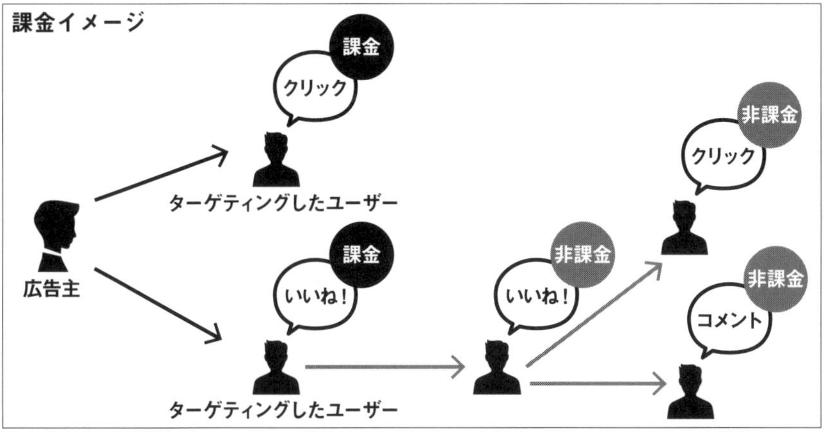

ユーザーが拡散するため費用が発生しない一方、広告ではなくなるため、管理画面でコンバージョンなどを追うことができなくなります。

□ 仕組み④　配信先は広告目的を達成しやすいユーザー

Facebook広告では、広告目的を達成しやすいユーザーに対して広告が配信されるため成果が出やすいと同時に、注意も必要となってきます。

例えば、キャンペーン目的を「コンバージョン」に設定した場合、コンバージョンしやすいユーザーに広告が配信される仕組みになっています。この仕組みに、CPC課金の成果が下がる理由が隠されています。CPC課金はクリック課金なので、「広告をクリックしやすいユーザー」に広告が優先的に配信されてしまいます。Facebook上には、広告や投稿にいっさい興味はなくても、とりあえず「いいね！」をたくさん押すユーザーが数多くいます。「いいね！」もクリックとしてFacebookは認識するため、そうしたクリックしやすいユーザーに広告が配信されてしまい、広告の成果につながらないケースが多いので注意が必要です。

CPC課金の成果が悪い理由

「いいね！」もクリックとしてFacebookは認識するため、そうしたクリックしやすいユーザーに広告が配信されてしまい、広告の成果につながりにくいケースが多くあります。

□ 仕組み⑤　成果のよい広告を自動的に判定

Facebook広告では、自動的に広告の成果が判定され、成果が出やすい広告を中心に広告が配信されるようになります。

２つの広告を同時に走らせ、A/Bテストをしようと思っても、成果の出る広告にすぐに配信が偏るため、思ったようなデータを集めることができません。

新しい訴求の広告をテストする場合は、あえて成果の出やすい広告をやめて、成果を測るということも少なくありません。

広告の成果をシステムが自動判定

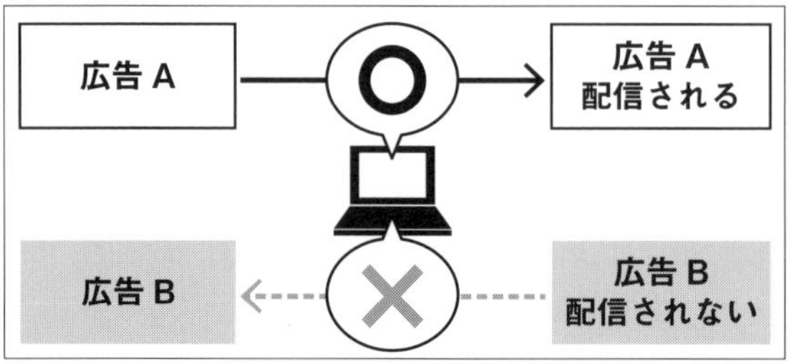

Facebook広告では、自動的に広告の成果が判定され、成果につながりやすい広告を中心に広告が配信されるようになります。

CHAPTER_1

05 Facebook広告 ターゲティングの精度の高さ

Facebook広告の大きな特徴が「ターゲティング精度の高さ」です。ここでは実際にどのようなターゲティングが可能なのかを知っておきましょう。

□ 非常に細かい設定や指定をすることが可能

まず、設定や選択できる項目から見ていきましょう。

・地域

「住んでいる人」「（その場に）いた人」「旅行中の人」など細部まで設定可能。

・年齢

「13歳～65歳以上」を１歳単位で設定可能。

・性別

「男性 or 女性 or すべて」で選択可能。

・言語

主要としている言語指定が可能。

・利用者層

ユーザー属性や交際、学歴、子どもがいる人、業界や役職など詳細な設定が可能。

・趣味/関心

スポーツやファッションなどの大枠からトライアスロンやマラソン、レディース服や子ども服などまで詳細な設定が可能。

・行動

旅行や利用デバイス、購入など行動にかかわるターゲット指定が可能。

・Facebookページ

Facebookページに「いいね！」をした人やその友達を指定可能（「いいね！」している人を除外することも可能）。

・アプリ

アプリを使用した人やその友達を指定可能（アプリを使用した人を除外することも可能）。

・イベント

イベントに回答した人（イベントに回答済みの人を除外することも可能）。

・配置

デスクトップやモバイルなのか、またFacebookやInstagram、Messengerへの配信も行なうのかを設定することが可能。

・特定のモバイル機器とOS

Android機器のみやiOSのみ、フューチャーフォンのみなどを選択可能。

・入札タイプ

クリック課金（CPC）なのか表示課金（CPM）かなどを選択可能。

これでもまだ一部しか紹介していませんが、非常に細かい設定や指定をすることが可能です。もちろん、設定範囲が選べるため、これらのすべてを設定しなければならないというわけではありません。今回は「いいね！」しているユーザーへ、次回は「ファッション」に興味のある20〜35歳までの女性、といったように指定したいものを選ぶことができます。

ただし、ターゲットが狭すぎると配信自体があまりされなかったり、逆に広すぎると成果が出るまでに時間がかかったりと、費用対効果に見合わないケースもあります。そのため、下図のようなターゲット設定時に画面の右側に出るメーターの中間あたりを狙うようにターゲットを絞るとよいでしょう。

ターゲットの設定時に出てくるメーター

メーターの中間あたりを狙うようにターゲットを絞って見るといいでしょう。

CHAPTER_ 2

はじめる前に準備する5つのこと

Facebook広告の概要を理解した上で
広告配信の準備に入りましょう。
とはいっても、Facebook広告をはじめるには
下準備が必要なものがあります。
Facebook広告をはじめる前に
準備しておきたいことを項目ごとに説明します。

CHAPTER_2

01 配信ターゲットを明確にする

まずは、どういったターゲットに自社の商品やサービスを買ってほしいのかを明確にすることが必要です。また、配信する目的も明確にしておきましょう。CHAPTER_1でお伝えした通り、顕在層と潜在層どちらに配信をすべきかをしっかりと把握する必要があります。

□どのような目的で広告を打ち出すのかを事前に見極めて作成していく

例えば、無名の商品や他社より高い商品などをFacebookやInstagramで見ただけで買うユーザーは非常に少ないです。前段階として、ブランド認知や商品特性、値段が高い理由を知ってもらう必要があります。とにかく「購入してもらいたい」という気持ちが先行して配信をかけてしまうと、一方向になってしまい、かえって「購入」件数が伸びず、本来の目標からは遠ざかるケースも多くあります。

ブランド力がない商品やサービスであれば、まずは認知してもらうことが重要です。その場合、広告配信の目的は「認知拡大」となり、キャンペーン設定時に選択すべき「目的」が「コンバージョン」ではなくなります。

このように、自社サービスや商品の市場における立ち位置を把握し、どの目的で広告を打ち出すのかを事前に見極めて広告作成に取りかかってください。

CHAPTER_2

02 Facebookページの作成

Facebook広告は、文字通りFacebookページを利用して
広告を配信していきます。会社単位ではなく、
サービスや商品ごとに専用のページを設けましょう。

□ 作り込んだFacebookページでユーザーに安心感を与える

ユーザーは、その会社のFacebookページを見ることで、簡単にどんな集団が広告を配信しているのかを知ることができます。

そのため、Facebook広告を配信する際はFacebookページも作り込み、「自分たちはこういった集団です」とわかりやすいアピールをすることによって、ユーザーに安心感を与えることができます。

Facebook広告は、文字通りFacebookページを利用して広告を配信していくのですが、Facebookページにはランクが割り振られており、このランクが高いほうが広告費を安くすることができます（リスティング広告の品質スコアのようなものになります）。

細かなロジックやFacebookページのランクに関する規定は公表されていませんが、大まかな目安として次の３つが重要視されています。

- **Facebook ページの「いいね！」の数**
- **Facebook ページの更新頻度**
- **Facebook ページ上でのユーザーとの交流**

ユーザーの目線で考えるとわかると思いますが、Facebookページの「いいね！」の数や更新頻度、ユーザーとの交流数は、どれも多いほうが安心できるでしょう。

こうした項目が、Facebookページのランクを決める上で重要とされているのです。

Facebookページの「いいね！」の数や更新頻度、ユーザーとの交流数は、どれも多いほうが安心できます。

CHAPTER_2

03 誘導先のランディングページ（LP／サイト）の用意

広告を配信する際には、広告によってユーザーを誘導したいランディングページ（略してLP、サイト、ホームページのこと）を用意する必要があります。もし自社のLPを持っていないのであれば、まずは用意するようにしましょう。

□ スマートフォンを軸にしたサイト展開を心がける

Facebookページの「いいね！」の数を多く集めることが目的であれば、ランディングページ（LP）は必要ありません。しかし、「いいね！」を多く集めたあとにFacebook広告を配信する際にLPは必要となるため、あらかじめ用意しておくことをおすすめします。

特に、FacebookやInstagramはスマートフォン内のアプリで閲覧するユーザーが非常に多いため、スマートフォンを主軸にしたサイト展開を心がけるようにしてください。

また、ユーザーはWEBページの読み込み（ローディング）時間が長くなるほど、そのページからすぐに離れていきます（離脱）。WEBページの読み込みにかかる時間が３秒を超えると一気に離れていくといわれているため、２～３秒以内に読み込めるページを作るよう心がけてください。

CHAPTER_2

04 広告バナー（クリエイティブ）の作成

Facebook広告のバナーのことを「クリエイティブ」といいます。ここではクリエイティブのサイズを把握しておきましょう。

□ バナーサイズは主に2パターン

Facebook広告のバナーサイズは、主に次の２つがあります。

- **1200px × 628px（通常広告用）**
- **600px × 600px（カルーセル広告用）**

「通常広告」とは一般的な１枚の画像で構成されている広告のことをいいます。また、「カルーセル広告」とは複数枚の画像を１つの広告として配信できる手法のことをいいます。この２パターンの画像があれば、基本的にFacebook広告で困ることはありません。

キャンペーンの目的によって、若干サイズが異なるものもあるので、参考として表を載せておきますが、この２サイズがあればどれも代用できてしまいます。

2つのバナーサイズ

1200×628 ピクセルの目的	
ウェブサイトへの誘導	1200×628 ピクセル
ウェブサイトコンバージョン	1200×628 ピクセル
アプリのインストール	1200×628 ピクセル
アプリのエンゲージメント	1200×628 ピクセル
近隣エリアへのリーチ	1200×628 ピクセル
クーポンの利用	1200×628 ピクセル
リード獲得	1200×628 ピクセル
1200×628 ピクセル以外の目的	
ページへのいいね！	1200×444 ピクセル
イベントの参加	1200×444 ピクセル
動画の再生	1200×675 ピクセル
投稿のエンゲージメント	1200×900 ピクセル
	※カルーセル広告はすべて 600×600

この2パターンの画像があれば、基本的にFacebook広告で困ることはありません。

CHAPTER_2

05 「ビジネスマネージャ」の設定

「ビジネスマネージャ」とは、Facebook広告を管理するビジネス用のアカウントのことをいいます。

ビジネスマネージャでできる5つのこと

Facebookは個人アカウントではなく、このビジネスマネージャを使ってFacebook広告を配信することを推奨しています。具体的には、次の５つのことを行なっていきます。

①ビジネスマネージャの作成
②支払い方法の設定
③広告アカウントの作成
④Facebook ページの紐付け
⑤タグの発行

ここから１つずつ説明していきます。

①ビジネスマネージャの作成方法

まず、ビジネスマネージャの作成方法を説明していきます。

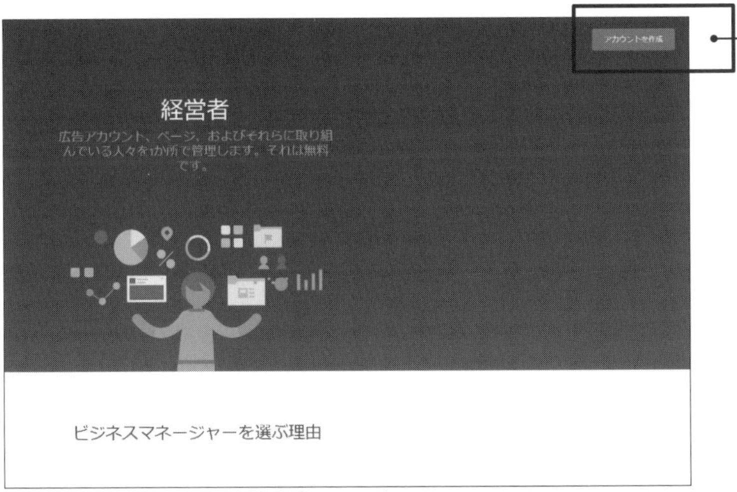

①公式サイト（https://business.facebook.com/overview/）に移動し、「アカウントを作成」をクリックします。

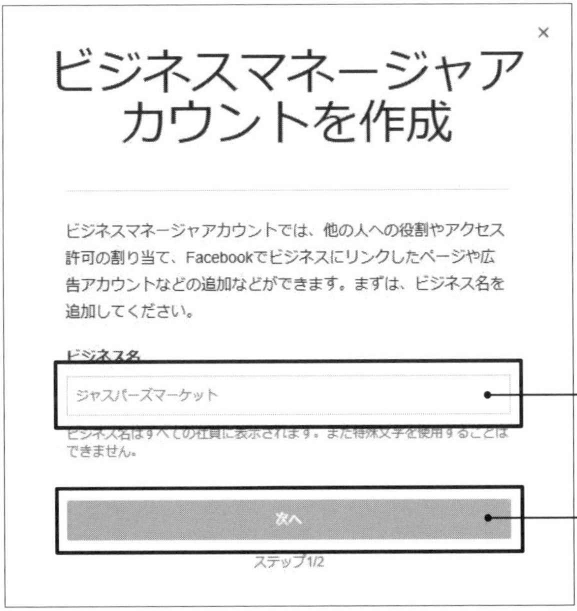

②会社名やサービス名、商品名などビジネスの名前を入力し、「次へ」をクリックします。

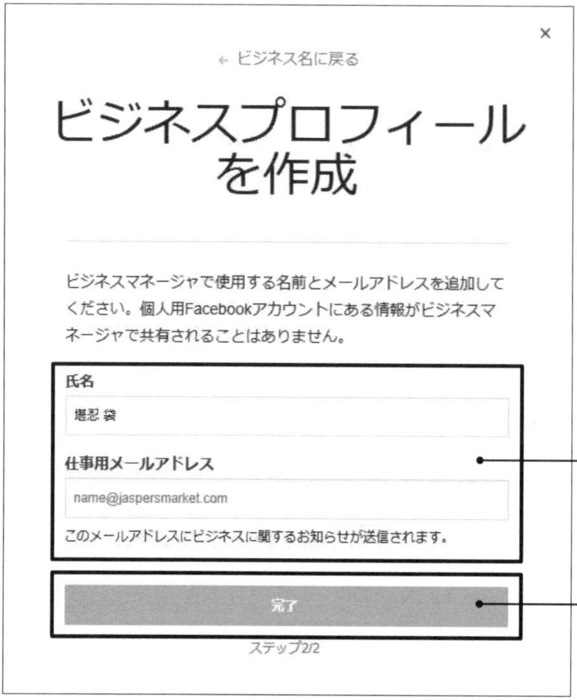

③自分の名前と連絡先のメールアドレスを入力し、「完了」をクリックすることで、ビジネスマネージャを作成することができます。

④完成画面。

⑤作成したビジネスマネージャは、Facebookのトップページ右上の「▼」をクリックすると、確認することができます。

☐ ②支払い方法の設定

ビジネスマネージャの作成が終了したあと、支払い方法を設定していきます。

①ビジネスマネージャのトップ画面から「ビジネス設定」をクリックします。

②「支払い」をクリックします。

③「＋追加する」をクリックします。

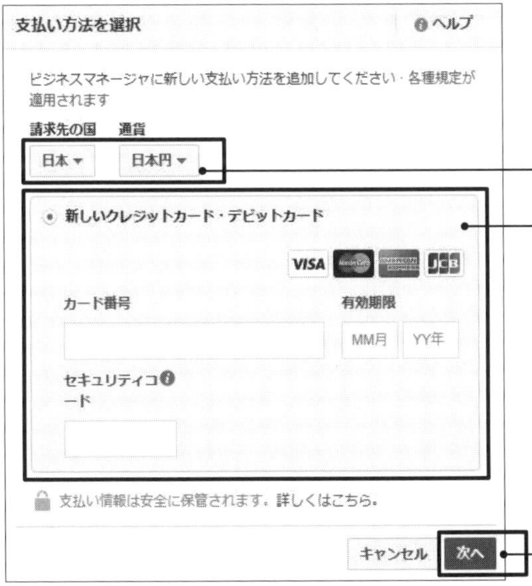

④「請求先の国」を「日本」、「通貨」を「日本円」に変更し、クレジットカード情報を入力し、「次へ」をクリックすると、支払い方法を設定できます。

Facebook広告の違反を繰り返すと、ここで登録したクレジットカードがFacebook上で使えなくなることがあります。

あえて違反を繰り返すということはないかと思いますが、Facebook上で使えなくなっても問題ないクレジットカードを登録するようにしましょう。仮にFacebook上でクレジットカードが使えなくなっても私生活では使えるので、あまり問題ないかと思いますが、もう１枚予備を準備しておくことをおすすめします。

□ ③広告アカウントの作成

広告の配信を行なうアカウントを作成していきます。

ビジネスマネージャを使うことで、複数の広告アカウントを作成することができるようになるため、商品やサービスによってアカウントを分けられるようになります。

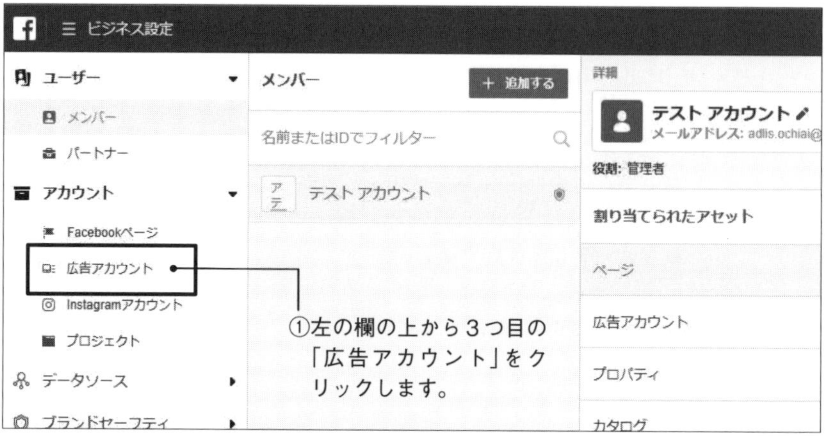
ビジネス設定
ユーザー
メンバー
パートナー
アカウント
Facebookページ
広告アカウント
Instagramアカウント
プロジェクト
データソース
ブランドセーフティ
メンバー
＋ 追加する
名前またはIDでフィルター
テスト アカウント
詳細
テスト アカウント
役割: 管理者
割り当てられたアセット
ページ
広告アカウント
プロパティ
カタログ
①左の欄の上から３つ目の「広告アカウント」をクリックします。

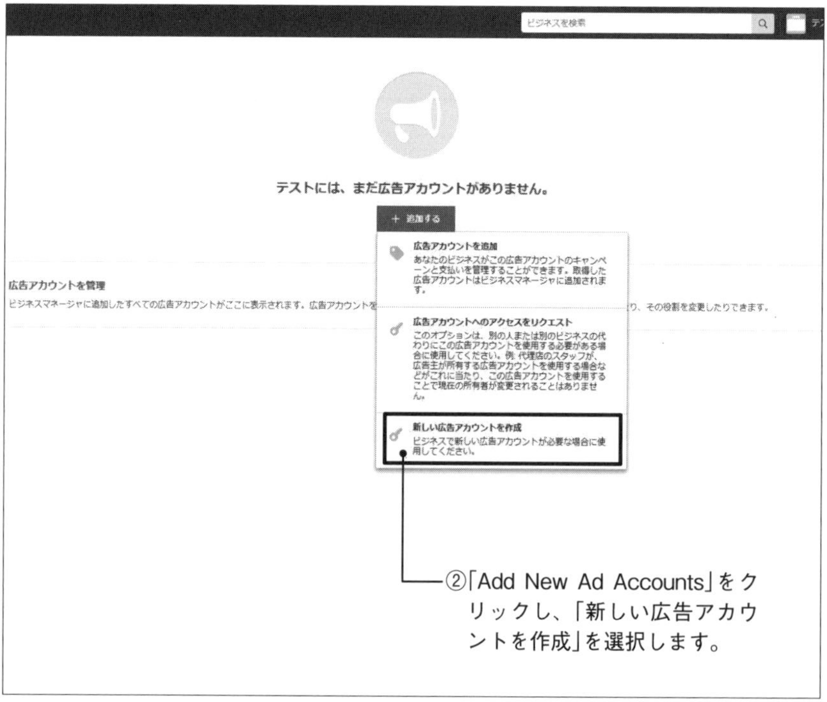
ビジネスを検索
テストには、まだ広告アカウントがありません。
＋ 追加する
広告アカウントを追加
あなたのビジネスがこの広告アカウントのキャンペーンと支払いを管理することができます。取得した広告アカウントはビジネスマネージャに追加されます。
広告アカウントへのアクセスをリクエスト
新しい広告アカウントを作成
ビジネスで新しい広告アカウントが必要な場合に使用してください。
広告アカウントを管理
②「Add New Ad Accounts」をクリックし、「新しい広告アカウントを作成」を選択します。

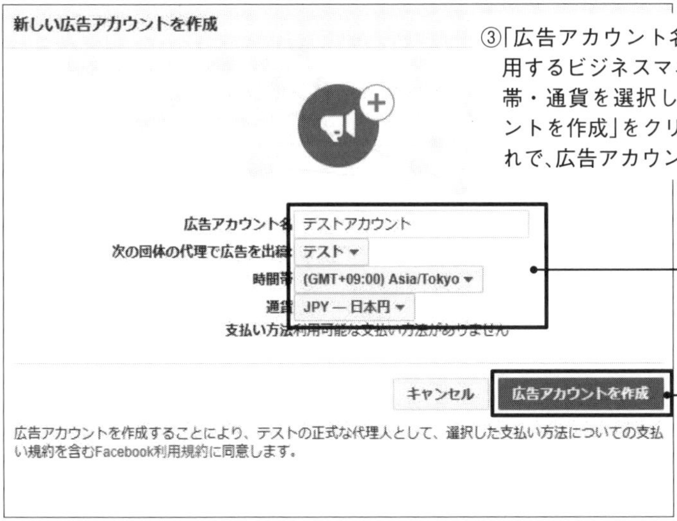

③「広告アカウント名」を入力し、使用するビジネスマネージャ・時間帯・通貨を選択し、「広告アカウントを作成」をクリックします。これで、広告アカウントの完成です。

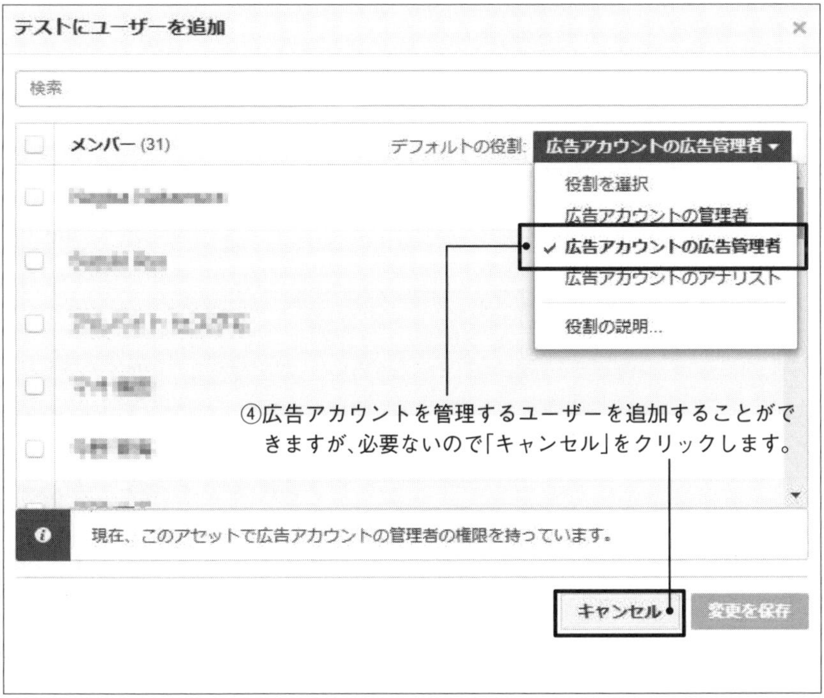

④広告アカウントを管理するユーザーを追加することができますが、必要ないので「キャンセル」をクリックします。

□ ④Facebookページの設定

Facebook広告はFacebookページを使って配信を行なうため、先ほど作成したFacebookページとビジネスマネージャを紐付けます。

①左の欄の上から２段目の「Facebookページ」をクリックします。

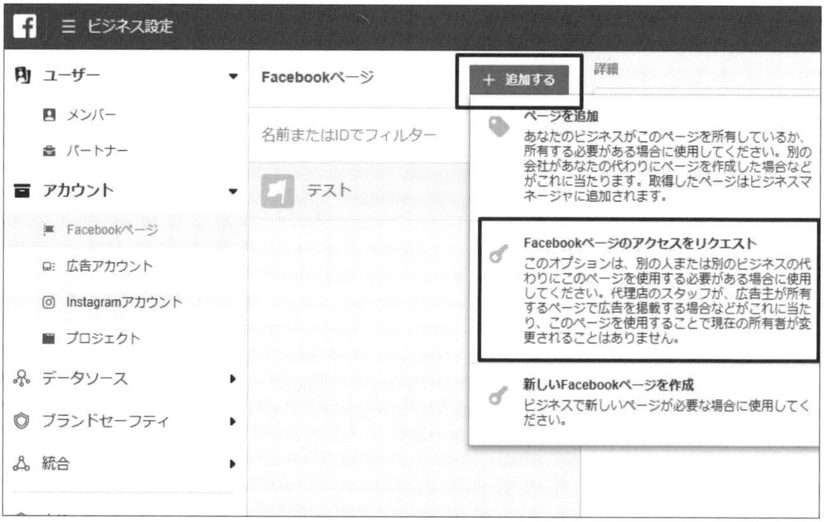

②「Add New Pages」をクリックし、「Facebookページのアクセスをリクエスト」をクリックします。

③先ほど作成したFacebooikページのURLを入力します。

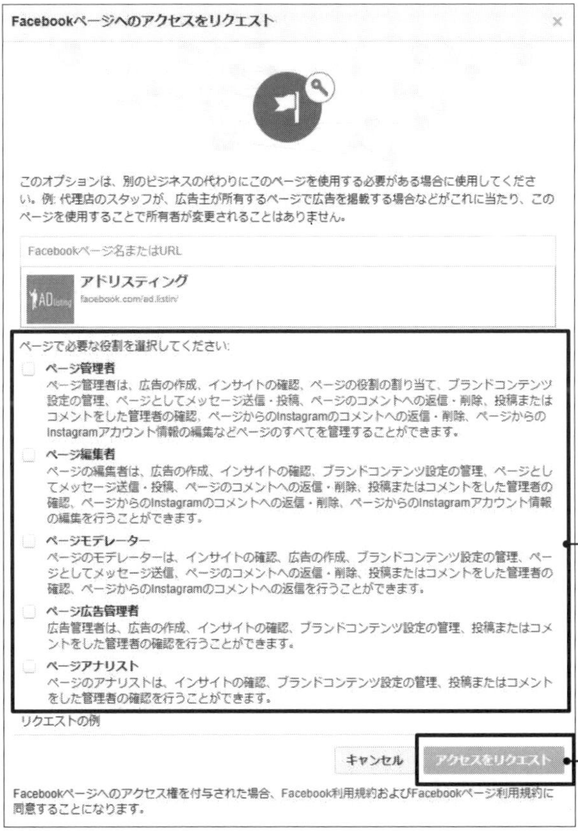

④URLを入力すると、権限の選択画面が表示されるので、「ページ管理者」を選択し、「アクセスをリクエスト」をクリックします。すでにFacebookページの権限を持っているので、自動的に承認されます。これで、Facebookページの設定は終了です。

□ ⑤タグの発行

Facebook広告の成果を測り、さまざまな便利機能を使うために、タグを発行する必要があります。

Facebook広告上ではタグのことをピクセルと表現しますが、タグのほうが馴染み深い言葉なので、本書では、タグという表現で統一していきます。

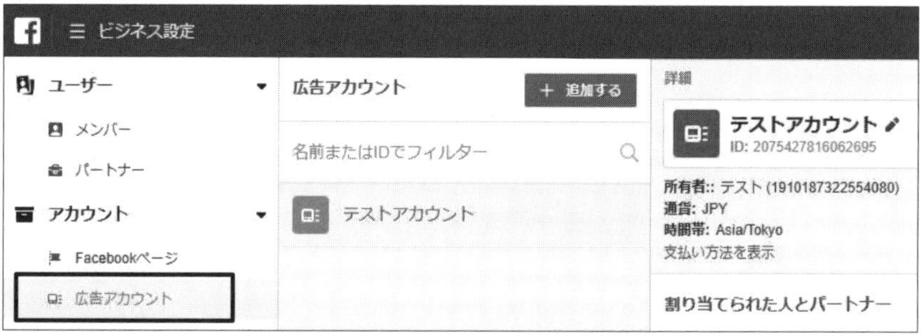

①先ほど作成した広告アカウントを広告マネージャで開きます。

②広告マネージャの左上にある「広告マネージャ」をクリックし、「すべてのツール」を選択し、「ピクセル」を開きます。

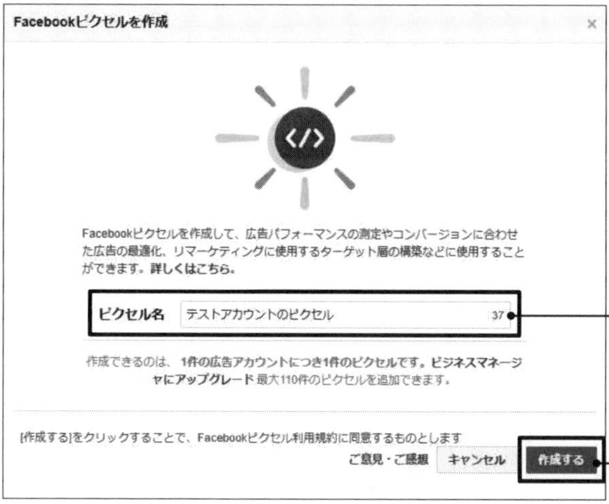

③「ピクセル名」を入力し、「次へ」をクリックします。ピクセル名は自由に設定できるので、社名や商品名・サービス名などを入力しておきます。

④「自分でコードをインストール」を選択します。

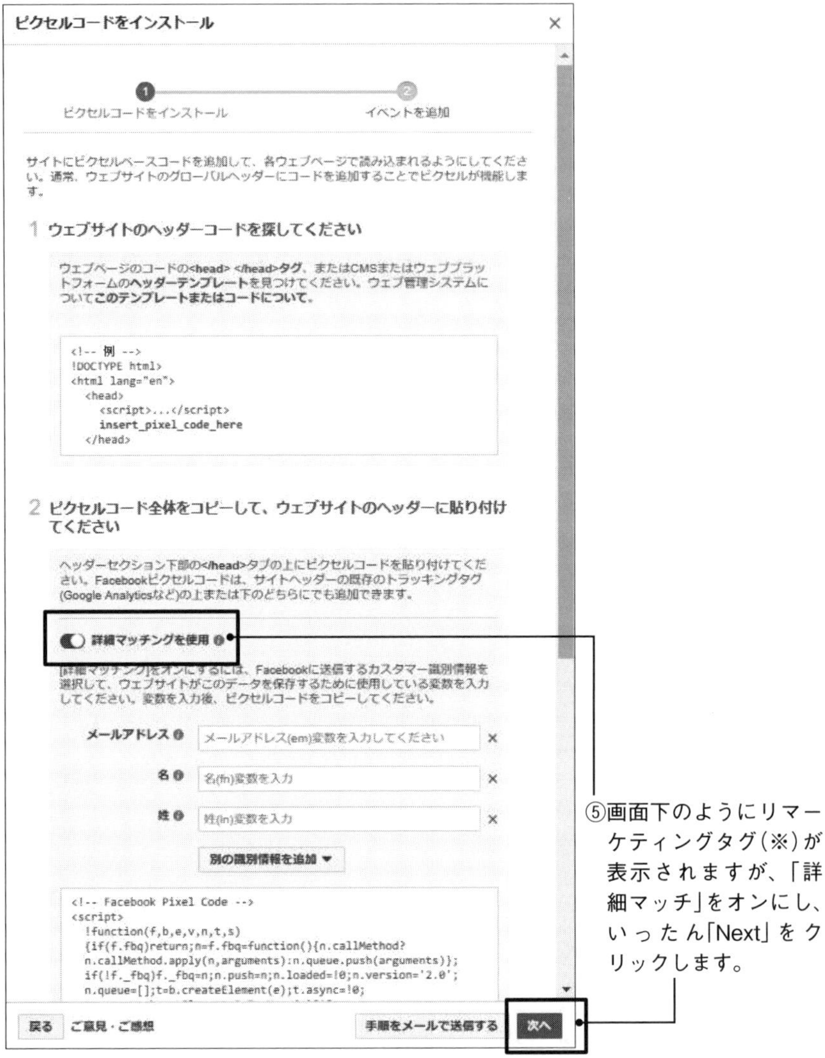

※リマーケティングタグとは、サイトに一度訪れたユーザーをマークし追跡を可能にするためのタグです。

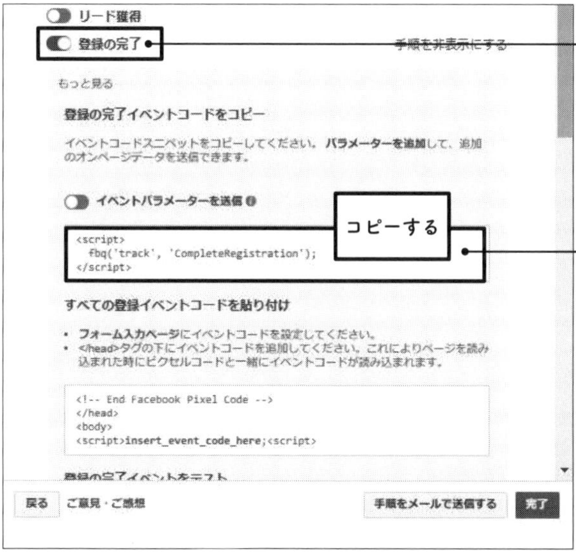

⑥「登録完了」を選択し、表示されるタグをコピーします。
（fbq(“track”.” CompleteRegistration”);タグ））

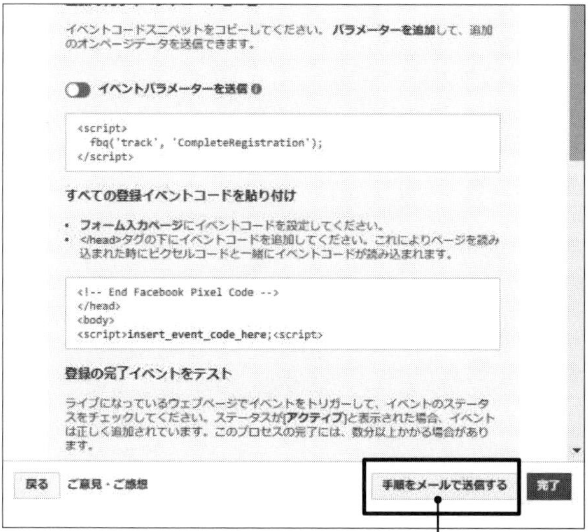

⑦「手順をメールで送信する」をクリックします。

⑧「宛先」に連絡用のメールアドレスを入力します（作成時点ではこのメールアドレスを使って何かをすることはありませんが、今後必要になる可能性があるので、定期的に確認するメールアドレスを入力するようにしてください）。

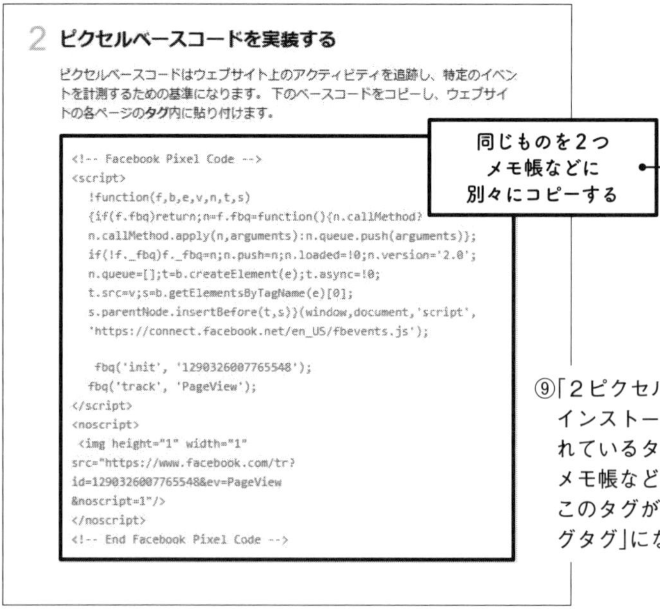

⑨「2ピクセルベースコードをインストールする」に表示されているタグをコピーして、メモ帳などに貼り付けます。このタグが「リマーケティングタグ」になります。

⑩また、このタグを使ってコンバージョンタグを作成するため、2つ作成しておきます。
※コンバージョンタグとは、目標のページに設定することでその目標ページに到達したユーザーの数を測るための計測タグです。

⑪「送信」をクリックし、「完了」をクリックすれば、タグの発行手続きは終了です。

リマケタグ

```
<!-- Facebook Pixel Code -->
<script>
  !function(f,b,e,v,n,t,s)
  {if(f.fbq)return;n=f.fbq=function(){n.callMethod?
  n.callMethod.apply(n,arguments):n.queue.push(arguments)};
  if(!f._fbq)f._fbq=n;n.push=n;n.loaded=!0;n.version='2.0';
  n.queue=[];t=b.createElement(e);t.async=!0;
  t.src=v;s=b.getElementsByTagName(e)[0];
  s.parentNode.insertBefore(t,s)}(window, document,'script',
  'https://connect.facebook.net/en_US/fbevents.js');
  fbq('init', '1290326007765548');
  fbq('track', 'PageView');
</script>
<noscript><img height="1" width="1" style="display:none"
  src="https://www.facebook.com/tr?id=1290326007765548&ev=PageView&noscript=1"
/></noscript>
<!-- End Facebook Pixel Code -->
```

CVタグ

```
<!-- Facebook Pixel Code -->
<script>
  !function(f,b,e,v,n,t,s)
  {if(f.fbq)return;n=f.fbq=function(){n.callMethod?
  n.callMethod.apply(n,arguments):n.queue.push(arguments)};
  if(!f._fbq)f._fbq=n;n.push=n;n.loaded=!0;n.version='2.0';
  n.queue=[];t=b.createElement(e);t.async=!0;
  t.src=v;s=b.getElementsByTagName(e)[0];
  s.parentNode.insertBefore(t,s)}(window, document,'script',
  'https://connect.facebook.net/en_US/fbevents.js');
  fbq('init', '1290326007765548');
  fbq('track', 'PageView');
  fbq('track', 'CompleteRegistration');
</script>
<noscript><img height="1" width="1" style="display:none"
  src="https://www.facebook.com/tr?id=1290326007765548&ev=PageView&noscript=1"
/></noscript>
<!-- End Facebook Pixel Code -->
```

⑫先ほど作成したリマーケティングタグをコピーし、コピーしたリマーケティングタグに先ほどメモ帳に貼り付けた「fbq(“track” .” CompleteRegistration”);」というタグを挿入します。

□ 補足　タグの設定を行なう

ランディングページやサイトの作成を外注した場合は、外注先に「リマーケティングタグとコンバージョンタグを<head>（ヘッド）タグの中に設置してください。リマーケティングタグはCVページ以外の全ページ、コンバージョンタグはCVページのみでお願いします」と依頼すれば、設置してもらえます。

自分で作成した場合は、<head>タグの間にリマーケティングタグとコンバージョンタグを設置してください。リマーケティングタグはCVページ以外の全ページ、コンバージョンタグはCVページのみに設置することで正確に計測することができます。

直にソースコードに貼る方法だけでなく、Google Tag Manager（※GTM）でもFacebookタグは管理可能なため、Facebook以外にもリスティング広告など複数の広告を配信する場合はGTMで管理することをおすすめします。

※ GTM とは、Google が無料提供するツールで、さまざまなツールや広告のタグを一括管理できるものです。

リマーケティングタグとコンバージョンタグ

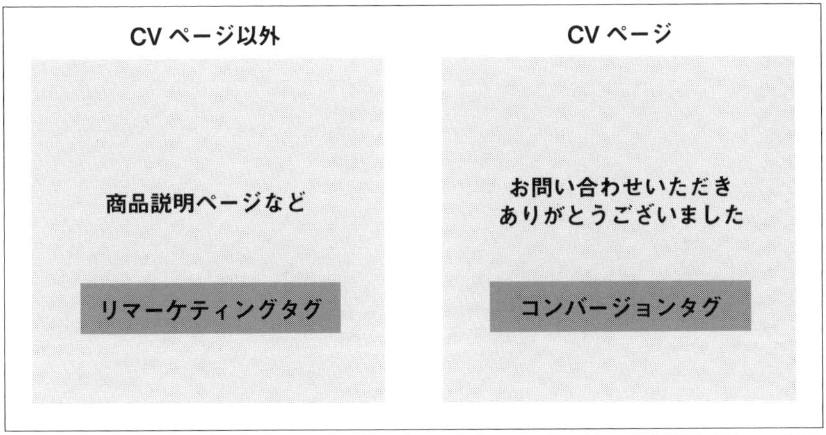

リマーケティングタグはCVページ以外の全ページ、コンバージョンタグはCVページのみに設置することで正確に計測することができます。

CHAPTER_3

成果を出すための効果的な作成方法

準備が整ったら、
次はFacebookのルールを
しっかりと理解していきましょう。
効率的に配信を行なうためには
ルールを正確に理解することです。
ここでは基本的な設定方法を説明します。

CHAPTER_3

01 知っておくべきFacebook広告のポリシー

広告配信をする際には、他の媒体と同様に、
媒体主であるFacebook（Instagram）の審査があります。
GoogleやYahoo!とは異なる広告ルールもあるので、
正式に公開されているものや、これまで審査で
実際に落ちた例を交えながら紹介します。

□ Facebook広告が定める基本的なルール

まずは、実際にFacebook社が公表しているFacebook広告ポリシー内で禁止されているコンテンツ、29個を紹介します。多いと感じるかもしれませんが、すべてが大事な項目なので、ぜひ頭に入れておくことをおすすめします。

1. コミュニティ規定

広告は、Facebookのコミュニティ規定に違反してはいけません。Instagram上の広告は、Instagramコミュニティ規定に違反してはいけません。

2. 違法な商品やサービス

非合法な製品、サービス、または行為に寄与したり、それを促進または宣伝したりする広告は禁止になっています。未成年者をターゲットとする広告では、ターゲットとする年齢層にとって不適切、違法、または危険であるか、かかる年齢層への搾取、欺瞞、不当な圧力につながる製品、サービス、ま

たはコンテンツを宣伝してはいけません。

3.差別的な行為

広告で、人種、民族、肌の色、国籍、宗教、性別、性的指向、性同一性、家族構成、障害、医学的状態、遺伝子状態などに基づく差別をしたり、そのような差別を助長したりしてはいけません。

4.タバコ製品

広告で、タバコ製品や関連器具の販売や利用を宣伝してはいけません。

5.薬物や薬物関連商品

広告で、違法薬物、処方薬、娯楽のための麻薬などの販売や使用を宣伝してはいけません。

6.危険な栄養補助食品

広告で、Facebookが独自の裁量で危険と判断するサプリメントの販売や使用を宣伝してはいけません。

7.武器、弾薬、爆発物

広告で、武器や弾薬、爆発物の販売や使用を宣伝してはいけません。

8.成人向け商品やサービス

広告で、成人向け商品やサービスの販売や使用を宣伝してはいけません。ただし、家族計画や避妊に関する広告は除きます。避妊具や避妊薬の広告では、性的な快感や増進ではなく、商品の避妊効果に重点を置く必要があります。また、ターゲットを18歳以上に設定する必要があります。

9.成人向けコンテンツ

広告に、成人向けコンテンツを含めてはいけません。ここには、ヌード、露骨な、または挑発的な姿勢をとっている人の描写、過度に挑発的な、または性的に刺激的な行為などが含まれます。

10. 第三者の権利侵害

広告に、第三者の著作権、商標、プライバシー権、パブリシティ権などの個人的な、または専有の権利を侵害するようなコンテンツを含めてはいけません。

11. 扇情的なコンテンツ

広告に、衝撃的、扇情的、無礼、または過度に暴力的なコンテンツを含めてはいけません。

12. 個人的特質

広告に、個人的特質を断定または暗示するコンテンツを含めてはいけません。ここには、個人の人種、民族、宗教、思想、年齢、性的嗜好、性同一性、障害、病気(身体的および精神的健康を含む)、財政状態、労働組合への所属、犯罪歴、名前などを直接的または間接的に断定または暗示することが含まれます。

13. 誤解を招くコンテンツや虚偽のコンテンツ

広告に、誤解を招くような宣伝文句、値引き、ビジネス手法などを含む誇大的、虚偽的、または誤解を招くようなコンテンツを含めてはいけません。

14. 賛否両論のコンテンツ

広告に、商業目的で賛否の分かれる政治的または社会的問題を取り上げるコンテンツを含めてはいけません。

15. 機能しないランディングページ

広告で、機能しないランディングページに利用者を誘導してはいけません。これには、利用者をページから離れられなくするランディングページも含まれます。

16. 監視装置

広告で、スパイ用カメラや携帯電話型追跡装置、その他の盗聴・盗撮用監視装置を宣伝することはできません。

17. 文法と汚い言葉

広告に、不適切な表現や、文法や句読点のミスが含まれていてはいけません。記号、数字、文字は正しく使用する必要があります。Facebookの広告審査プロセスやその他のポリシー施行システムを回避するための使い方をしてはいけません。

18. 存在しない機能

広告に、存在しない機能を描写した画像を含めてはいけません。

19. 個人の健康

広告に、「使用前/使用後」を含む画像や、期待できない、ありえない結果を含む画像を掲載してはいけません。広告で、ダイエット、その他の健康に関する商品を宣伝するために、否定的な自己イメージを暗示したり、作り出そうとしてはいけません。健康、フィットネス、ダイエットに関する商品の広告ターゲットは18歳以上にする必要があります。

20. 給料日ローンやキャッシング

広告では、次の給料日までの出費をまかなうことを目的とした給料日ローン、給料前のキャッシングなどの短期ローンを宣伝してはいけません。

21. マルチ商法

収入の機会を宣伝する広告では、関連する商品やビジネスモデルを十分に説明する必要があります。また、マルチ商法など、投資をほとんどせずに手早く報酬を受けられるとうたうビジネスモデルを宣伝してはいけません。

22. ペニーオークション

広告で、ペニーオークションや類似のビジネスモデルを宣伝することはできません。

23. 偽造文書

広告で、偽造の学位、パスポート、入国書類などの偽造文書を宣伝することはできません。

24. 低品質または邪魔なコンテンツ

広告に、予期しない利用環境や不当な利用環境をもたらすような外部ページに誘導するコンテンツを含めてはいけません。これには、過度に扇動的な見出しなど、誤解を招くような広告の位置づけや、オリジナルの内容をほとんど掲載せず、大半が無関係または低品質な広告コンテンツであるようなページに誘導することも当てはまります。

25. スパイウェアやマルウェア

広告に、スパイウェア、マルウェア、または予期しない、不当な利用環境をもたらすソフトウェアを含めることはできません。このポリシーは、このような製品を含むサイトへのリンクも対象とします。

26. 自動アニメーション

広告に、利用者が操作しなくても自動的に再生されたり、利用者が広告をクリックしたあとにFacebook内で拡大表示される音声またはフラッシュ画像を挿入してはいけません。

27. 無許可のストリーミング機器

広告で、デジタルメディアへの無許可のアクセスを促進または奨励するような商品やアイテムを宣伝してはいけません。

28. 迂回システム

広告審査プロセスおよびその他の法執行システムを迂回する方策を講じてはなりません。この方策には、広告コンテンツまたはリンク先ページの隠蔽も含まれます。

29. 禁止されている金融商品や金融サービス

広告では、誤解を招く宣伝や詐欺的な宣伝と結びつけられることの多い金融商品および金融サービスを宣伝してはいけません。具体的にはバイナリーオプション、新規仮想通貨公開、暗号通貨などです。次のリンクから詳細をご覧ください。

・参照：https://www.facebook.com/policies/ads

その他、制限付きで承認されるサービス関連は次のようなものです。

1. アルコール関連
2. 出会い関連
3. リアルマネー賭博
4. 自治体宝くじ
5. オンライン薬局
6. 栄養補助食品
7. 購読サービス
8. 金融サービス
9. ブランドコンテンツ
10. 学生ローンサービス

□ 審査に落ちた場合は異議申し立てができる

広告審査では、Facebook社独自のルールを設けており、掲載前に広告ポリシーに沿った内容かどうかが審査されます。審査は基本的には24時間以内に完了します。

審査プロセスでは、広告の画像、テキスト、ターゲット設定、広告の配置、ランディングページのコンテンツチェックを行ないます。

広告が審査落ちした場合は、ポリシーを見返して再提出、再審査することが可能です。非承認時には、何が原因になっているのかが、登録アドレスに届くメールや広告アカウントの管理画面上から確認することができます。

中には、なぜ審査に落ちたのかわからない場合もあり、審査落ちが間違いだと思う場合は「異議申し立て」をFacebookヘルプセンターから送ることが可能です。

Facebook広告ポリシーにしたがった上で広告を作成していきましょう。

CHAPTER_3

02 目的に合わせて「キャンペーン」を設定しよう

「CHAPTER_ 1-04 Facebook広告の仕組み」では、
Facebook広告は「キャンペーン」「広告セット」「広告」の
３つの要素で構成されていると紹介しました。
何を目的に広告を配信するのかが明確になって
いなければ、この先の設定には進めません。

☐ 広告を配信する目的を明確にして、設定していこう

まずは「キャンペーン」を紹介します。これは、広告の目的を決定するものになります。

Facebook広告では、単にコンバージョン（商品販売やリスト獲得）を目的とした広告だけでなく、Facebookページの「いいね！」を集めたり、Facebookページで投稿した内容を宣伝したり、アプリのインストールを促したりなど、さまざまな目的で広告配信ができます。Facebook広告のキャンペーンは、そうした広告の目的を決めるものになり、10のキャンペーンがあります。CHAPTER_２で説明した広告の種類ごとに合わせてあるので、その中からあなたの商品やサービスに合うキャンペーンを選びましょう。

目的を達成するためには、細かな設定を行なっていくことになります。そのため、広告を配信する目的を明確にした上でキャンペーンを設定しなければ、効率的にFacebook広告を運用することはできません。

目的は用途によって使い分ける

Facebook広告のキャンペーン目的には複数の目的があり、さまざまな用途によって使い分けることができます。大きく３つあります。

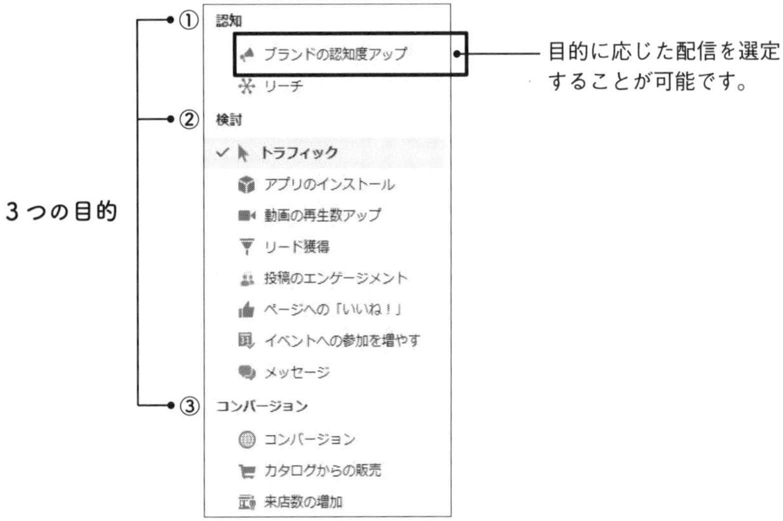

では、具体的にそれぞれの目的の詳細を説明します。

認知

・ブランドの認知度アップ

広告に興味を示す可能性が高い人に広告を配信することで、ブランド認知度を上げることができます。

・リーチ

できるだけ多くの人にリーチ（配信）をすることができます。

☐ 検討

・トラフィック

ウェブサイト、アプリ、Messengerスレッドなど、Facebook内外のリンク先へ利用者を誘導することができます。

・アプリのインストール

アプリをダウンロードできるアプリストアに誘導することができます。

・動画の再生数アップ

製品発表や舞台裏の映像、カスタマーストーリーなどの動画を宣伝して、ブランドの認知度を高めます。

・リード獲得

ビジネスに興味を持っている人からリード情報を収集できます。リードとは、ユーザーのメールアドレスや電話番号などのユーザー情報を指します。「電話番号」「メールアドレス」「会社名」「名前」など、取得したい情報を任意で選択し、広告を配信することで、興味を持ったユーザーが個人情報を入力するため、サービスに興味を持ったユーザーのリードを獲得・収集ができるのです。

・投稿のエンゲージメント

投稿やページをさらに多くの人にアピールして、エンゲージメントを増やすことができます。エンゲージメントには、「コメント」「シェア」「いいね！」「イベントへの出欠確認」「クーポンの利用」などが含まれます。

・ページへの「いいね！」

Facebookページへ「いいね！」を集めるための広告です。

・イベントへの参加を増やす

イベントや説明会、セミナーなど多くの人を集めたいときに使用します。

・メッセージ

購入、お問い合わせ、サポートなどのためにビジネスに連絡する手段として、Messengerの利用を促すことができます。

□ コンバージョン

・コンバージョン

「購入」や「問い合わせ」「資料請求」などの広告配信の目的を達成させるために、目的を達成しやすい、するであろうユーザーへ配信をかけていくことができます。購入や支払い方法の追加など、ウェブサイトやアプリ、Messengerでのアクションを促すことができます。

・カタログからの販売

ターゲット層に合わせて、カタログの製品を自動的に表示する広告を作成できます（カタログのデータをアカウントとリンクする必要があります）。

・来店数の増加

複数の所在地がある場合、それぞれの近隣エリアにいる人にビジネスをアピールできます。

キャンペーンは、目的に応じて選んでください。この中でも私たちがおすすめしている目的は次の４つです。

・ブランドの認知度アップ
・動画の再生数アップ
・リード獲得

・コンバージョン

今でも「いいね！」獲得目的の広告配信は可能ですが、近い将来こうした目的の広告はなくなるといわれています。その理由は、Facebook社は「いいね！」の数がビジネスにつながらないと定義しており、推奨していない広告目的となっているからです。自社ページに「いいね！」してくれたユーザー全員へ広告が届くと勘違いされているケースが多いのですが、実際はその一部にしか届かず、何万と「いいね！」を集めても広告の成果につながりにくいのです。

また、キャンペーン設定時に、「A/Bテストを作成」や「予算の最適化」を行なうキャンペーンにするかといった選択することも可能です。

・A/B テストを作成

広告セットを比較することで、最適な成果を得られる戦略を見つけることができます。正確なA/Bテスト結果を得るため、推定リーチが広告セット間で分割されます。

A/B テストの設定

広告クリエイティブや配置、最適化などを自動的にA/Bテストをすることが可能です。

・予算を最適化

キャンペーン予算の最適化により、配信の最適化と入札戦略に応じてより多くの成果を得られるように広告セット間で予算が配分されます。

CHAPTER_3

03 「広告セット」で配信方法を設定しよう

「広告セット」では、キャンペーンで設定した目的に合わせて、配信するターゲット(セグメント)を設定することができます。

オーディエンスサイズの設定

キャンペーンの設定ができたら、次にどのようなユーザーに配信するかを考えましょう。

配信するターゲットを設定

配信エリア、年齢、性別、言語、趣味、関心などを設定します。

具体的にどのようなユーザーをターゲティングすることができるのか見ていきます。広告セットでは「年齢」「性別」など、どのようなターゲット層に配信するかを決めることが可能です。同時に、ターゲットのリーチ数も大まかに設定することもできます。

ターゲット設定時に画面の右側にメーターが出てきます。あまりにもターゲットを絞り込み過ぎると配信自体されない可能性も高くなるため、オーディエンスサイズを確認しながら針が真ん中を指す程度にしてみましょう。

ターゲットの設定時に出てくるメーター

ターゲットサイズは対象とするサービスや商品、ターゲット属性によって異なるため何万人が理想という数字はありません。そのため、オーディエンスサイズで大まかに把握します。

☐ 配置面の設定

配信する配置面も設定することが可能です。できれば最初は「自動配置」を選択してみるといいでしょう。

配置面の設定画面

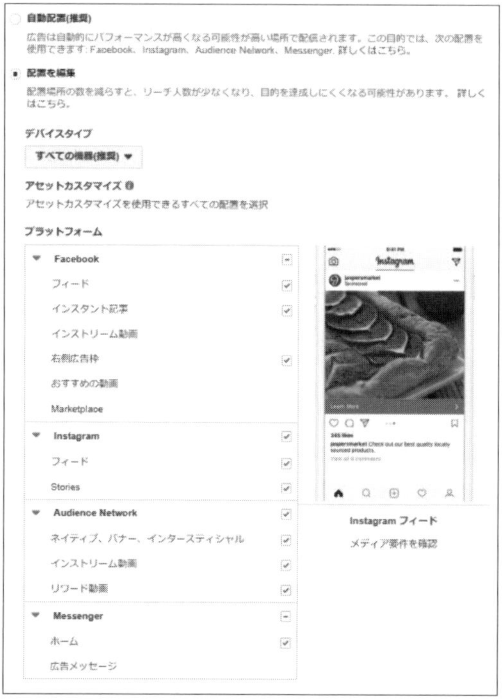

配置を編集することも可能ですが、絞りすぎるとリーチ母数が少なくなり、目的を達成しにくくなる可能性もあります。

配置面には大きく４つの面が用意されています。「Facebook」「Instagram」「Audience Network」「Messenger」の４つです。目的によっては配信できない面もあるため、その場合は選択不可となっています。

この中で１つだけ少しわかりにくいのが「Audience Network」です。これは、Facebook社の提携しているモバイルアプリにFacebookのターゲティング機能を活かして広告を配信する仕組みのことです。いわば、FacebookやInstagram以外にもFacebookの独自ターゲティングを活用してバナーや動画の広告を配信することができる、というものです。

「ターゲット×配置×予算」で１日にどの程度リーチされるかが決まってきます。これらを一括で設定、管理できるのが広告セットなのです。

CHAPTER_3

04 ユーザーを引き付ける「広告」を作成しよう

FacebookやInstagram広告で最も重要な要素が「広告（コンテンツ）」です。FacebookやInstagramは画像や写真を軸に構成されており、見た目などの要素で配信結果が大きく変わることがあります。

設定方法

どのような広告がいいのかなどは、次のCHAPTER_4でお伝えしますが、ここではどのように設定するのかを紹介していきます。

Facebookページ
広告の掲載で、ビジネスのFacebookページまたはInstagramアカウントが表示されます。
アドリスティング
Instagramアカウント
Instagram広告の掲載で、ビジネスのアカウントとして使用するInstagramアカウントを選択してください。利用可能なInstagramアカウントはビジネスマネージャで管理できます。
adlis_marketer
①まずは対象となるFacebookページやInstagramアカウントを選択します。

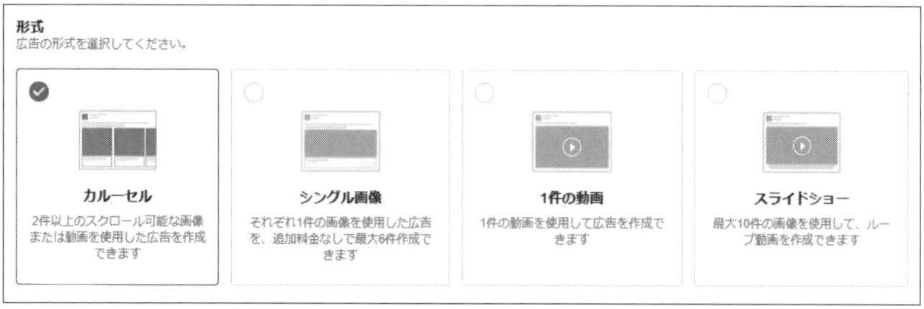

②次に、広告の形式を選択します。今回は基本的なシングル画像を例に進めますが、カルーセル(複数枚の画像を１つの広告として配信する方法)や動画などもこのタイミングで選択することが可能です。

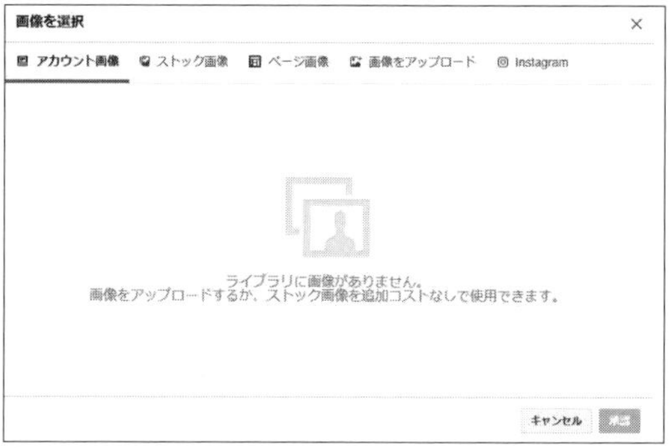

③選び終わったら実際に使用する画像を選択します。

④「画像をアップロード」をクリックすると、このようなウインドウが出てきます。

⑤「ストック画像」のタブをクリックすると、無料で使える画像を簡単に探すことができます。検索をして最適な画像を選びましょう。

⑥「画像をアップロード」から、使いたい画像を簡単にアップロードして使用することも可能です。

⑦⑧広告セットの配置設定でInstagramも選択していると、Instagram用のバナーも選択することが可能になります。「Instagramで別の画像を使用」をクリックすると、同様のウインドウが出てくるので、そこから設定しましょう。上記のように、FacebookとInstagramの画像を別々のものを使用することが可能です。

次にリンク先のURLを入力します。

⑨次に広告文を入力します。ユーザーがクリックしたくなるような文章を考えましょう。

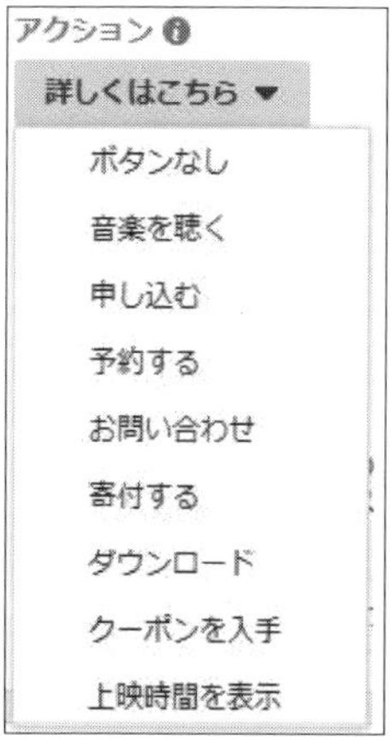

⑩アクションボタンを選択します。あなたの商材・サービスに最も近しいものを選択しましょう。今回は「詳しくはこちら」を設定します。

⑪最後にわかりやすい広告名をつけて「閉じる」をクリックします。

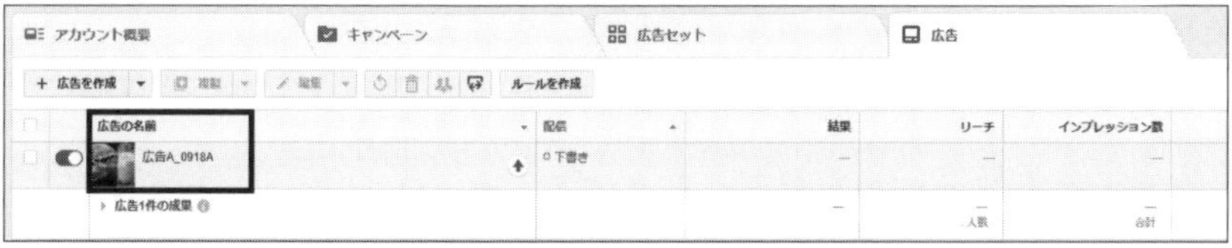

⑫広告名に関しても、バナー・広告文でA/Bテストを行なう場合、それが区別できるように「広告A_バナー1（もしくはバナー名）」といったようにつけることをおすすめします。

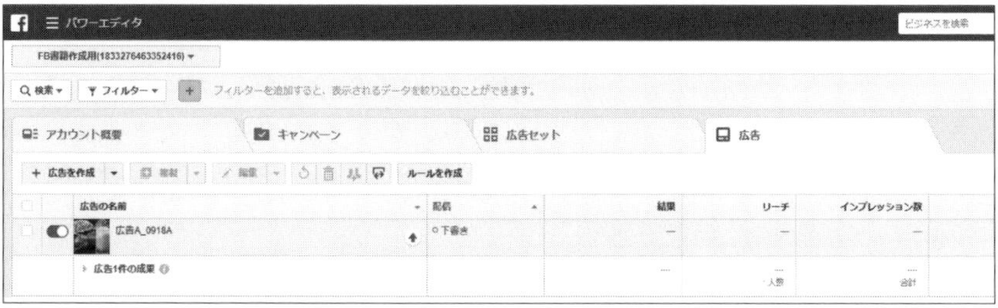

⑬これで広告の設定は完了です。

⑭今までの作業はあくまで下書きの設定なので、これを公開にしなければいけません。キャンペーン・広告セット・広告の設定が完了し、再度誤りがないか確認をしたら、右上の「下書きアイテムを確認」をクリックします。このようなウインドウが出てくるので、下書きアイテムを確認したら「実行する」をクリックします。

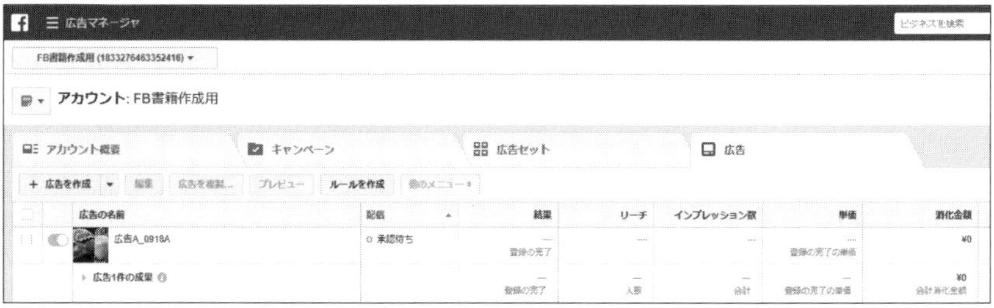

⑮送信が完了したら、再度広告マネージャから誤りがないか確認しましょう。誤りがなければ、キャンペーンの配信をオンにしましょう。あとは広告の審査が承認になり次第、配信が開始されます。以上が、広告の作成手順です。

CHAPTER_3

05 効果測定を行なうための Facebookピクセルとは?

一度サイトへ訪れたユーザーへ再度広告を配信するため、
また購入や問い合わせといった目標設定を行ない、
その効果測定を行なうために、Facebook広告では
「ピクセル」を使用します。リスティング広告の
「タグ」と考えてもらえばわかりやすいでしょう。

ピクセルの取得方法

ピクセルの取得方法を説明します。

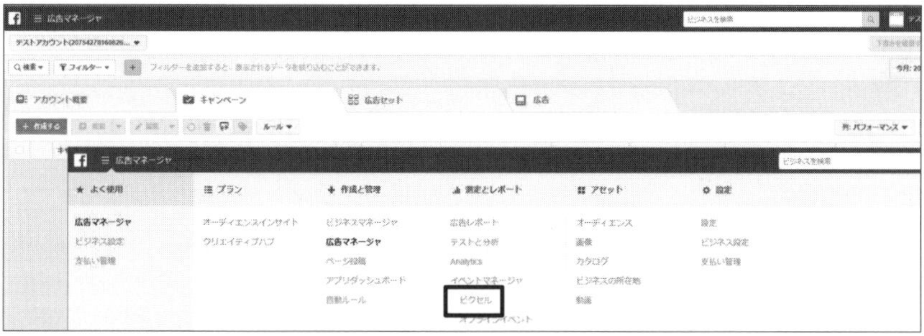

①「アセットライブラリ」の中から、「ピクセル」を選択します。

②「ピクセルを作成」をクリックします。

③「作成する」をクリックします。

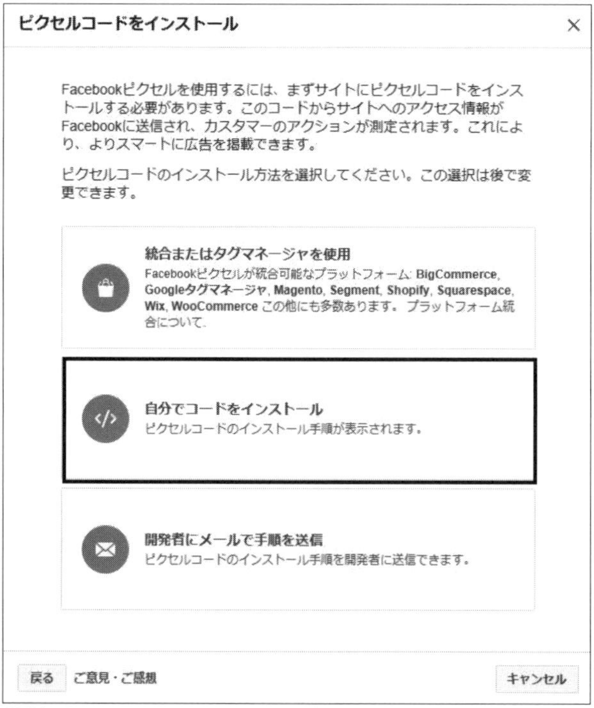

④「自分でコードをインストール」をクリックします

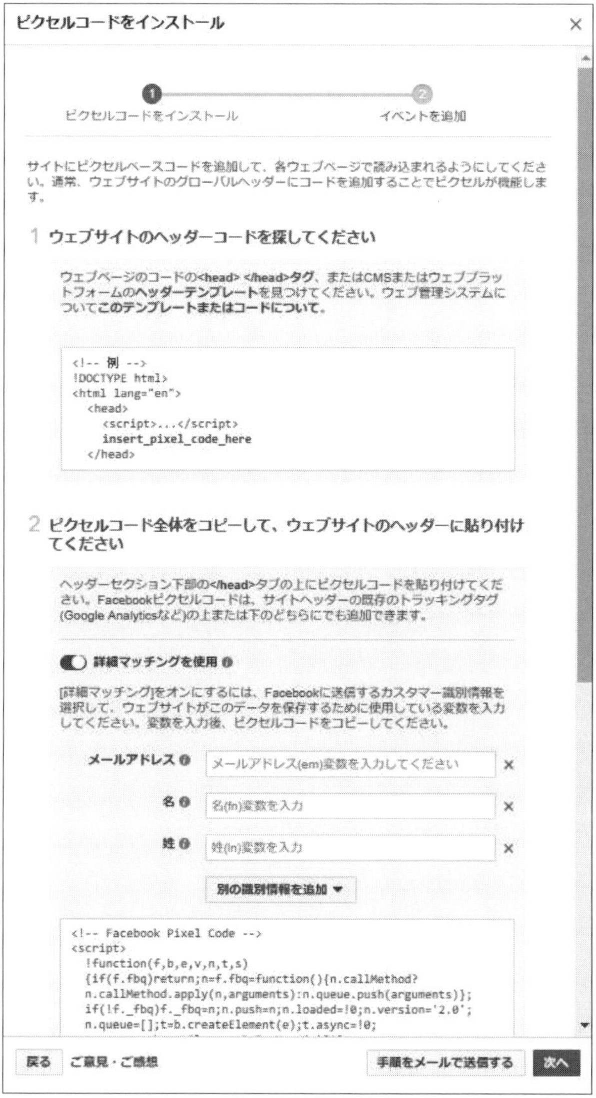

⑤これがピクセル(※)です。これはサイト内のすべてのページに設置しましょう。

※リマーケティングタグ(50ページ参照)とは、サイトに訪問したユーザーをマークし、リマーケティング(追跡)をかけることができるようにするためのものです。

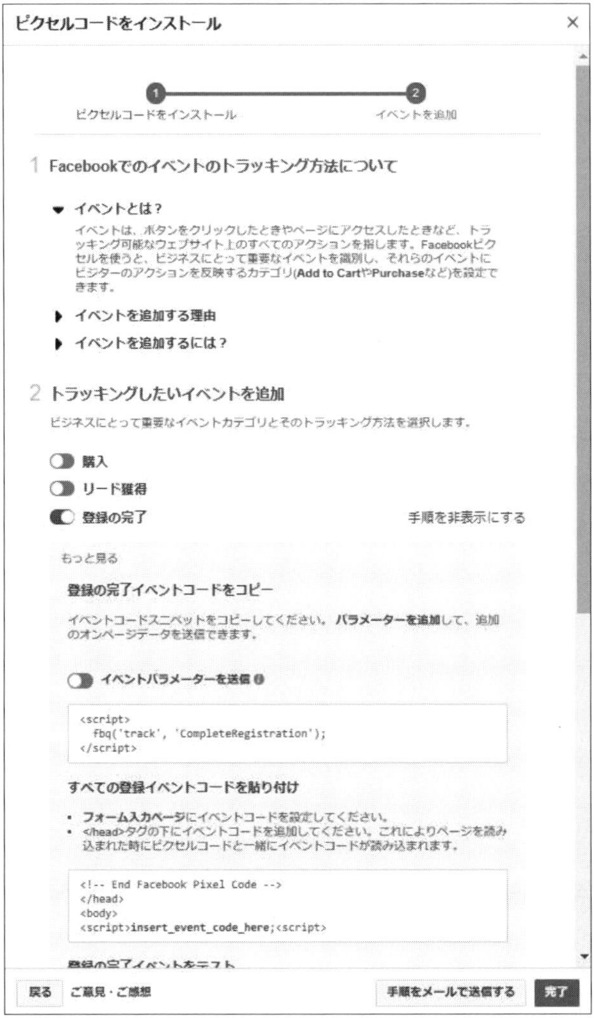

⑥次に、リスティング広告でいうコンバージョンタグですが、Facebook広告では先ほど取得したピクセルを使用して、自分でカスタマイズします。

□ピクセルの設置方法

先ほど取得したピクセルは、</head>タグのすぐ上に貼り付けるようにしましょう。

CHAPTER_4

集客につながる「クリエイティブ」の考え方

キャンペーンや広告セットで
どのような層へ広告を配信するかを設定したあとは、
Facebook広告において一番重要ともいえる
「クリエイティブ（バナー＝広告の見え方）」を考えていきます。
最近では動画なども多用されるケースも
増えてきており個性的なものが多くなっています。
投稿や他社の広告に負けない、
ユニークな広告を作りましょう。

CHAPTER_4

01 クリエイティブの重要性を知ろう

Facebook広告は画像(動画)とテキストで表示がされるため、画像とテキストを最適化していく必要があります。
クリエイティブが大事なことは知っていても、「作成が手間」「外注費を出したくない」などの理由でないがしろにされるケースが多くあります。しかし、クリエイティブを変更するだけで、成果が倍以上変わることも多々あります。

ユーザーの眼の動線

広告をクリックしてもらうには、ユーザーをひきつける必要がありますが、ユーザーがFacebookの投稿を見る際の眼の動きを意識したことはありますか?

ほとんどの人が、画像→タイトル→文章の順で読むといわれています。そのため、画像で注意をひき、タイトル・広告文でクリックする理由付けをしていく必要があります。

画像→タイトル→文章の順で読むといわれています。

Facebook広告は、基本的にCPM課金（表示課金）を推奨しているので、CTR（クリック中のアクション率）が改善すると、CPC（１クリックあたりの料金）、CPA（１アクションあたりの獲得率）を下げることができます。

例えば、広告費：10万円　CPM：1000円　CTR：１％　CVR：１％で配信できている案件があるとします。単純に計算すると次のようになります。

・クリック数：1000回　CPC：100円　CV：10件　CPA：10000円

クリック率が１％改善すると、次のようになります。

・クリック数：1500回　CPC：50円　CV：15件　CPA：6666円

上記は少し極端な例にはなりますが、実際はCTR（PVからのクリック率）が改善するとCPM（1000PVあたりのコスト）も下がることがあります。

また、CVR（コンバージョン率）も同時に改善されることもあるので、この例以上に成果が改善するケースがあります。そのため、Facebook広告では広告文ももちろん重要ですが、それ以上にクリエイティブの改善を行なっていく必要があるのです。

□広告の構成要素

効果的な広告を作成するには、広告の構成要素をしっかり把握する必要があります。Facebook広告は広告フォーマットにより異なりますが、基本的には次の６つの要素で構成されています。

・Facebookページ名
・テキスト
・画像（動画）
・見出し

・リンクの説明
・コールトゥアクション

Facebook広告

６つの要素で
構成されています。

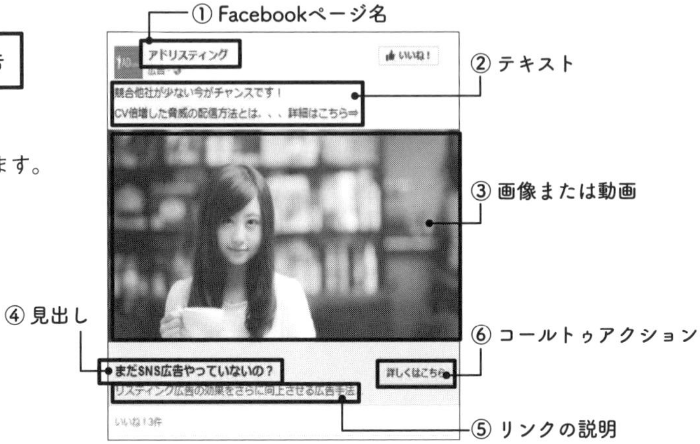

Instagram広告は次の４つの要素で構成されています。

・Instagram 名
・画像（動画）
・コールトゥアクション
・テキスト

Instagram広告

４つの要素で
構成されています。

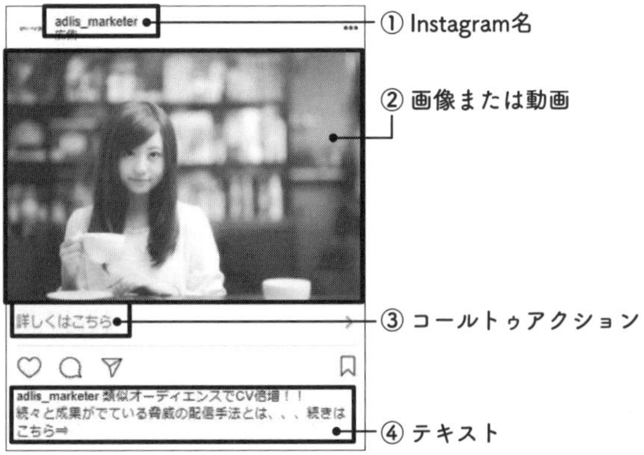

コールトゥアクションは、キャンペーン目的によって種類が異なります。設定に迷った場合は、「詳しくはこちら」を設定しましょう。

コールトゥアクションは任意の設定となりますが、設定をした場合と設定をしなかった場合では、CTRが２％以上変わった事例があるので、設定はデフォルトで行なったほうが効果的に配信を行なうことができます。

・Facebook広告はネイティブ系の広告

ネイティブ広告とは、広告掲載面に広告を自然に溶け込ませることで、ユーザーにコンテンツの一部として見てもらうことを目的とした広告のことをいいます。

FacebookなどのSNSを利用しているユーザーは、基本的に広告を見るためにSNSを利用しているわけではないので、広告が表示されるのを嫌がります。そのため、広告色が強くないネイティブ系の広告文を作成すると成果が出やすい傾向にあるのです。

ユーザーは広告に対してネガティブな報告や非表示を行なうことができますが、そういったアクションをされると広告の配信量が激減してしまうケースや、最悪の場合、アカウントが停止してしまうケースなどもあります。そのため、ユーザーが不快にならない画像・広告文を作成していく必要があります。

□ クリエイティブの成果

クリエイティブの成果について、ここからは３つの実例を交えながら解説していきます。

・ケース１

次に紹介するものは、自社のFacebook代行の広告を配信した際の結果です。

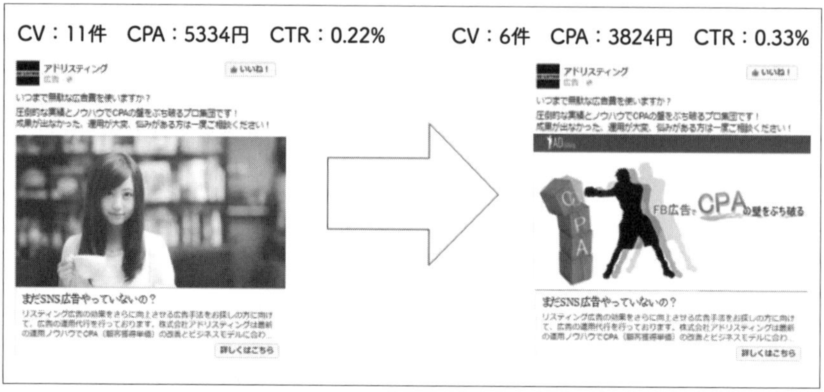

CTRはわずかしか改善されていませんが、CTRが変わったことで品質スコアの改善がされ､結果CPAとしては1600円改善しています。

・ケース２

次は、LP制作の広告を配信した際の結果になります。

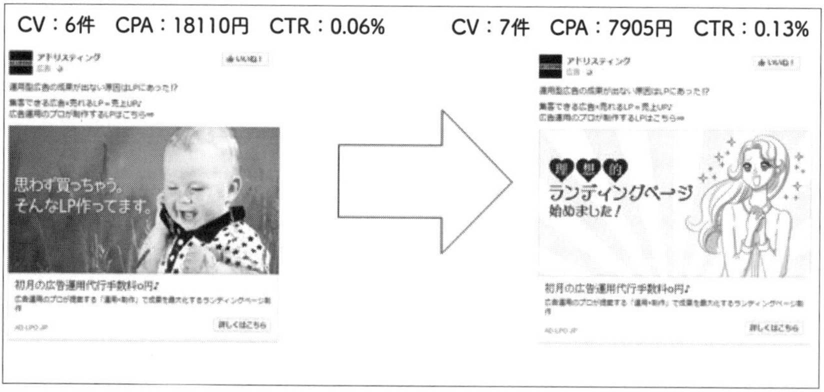

こちらもCTRの改善はわずかですが、CPAに関しては１万円以上改善している結果となります。

※ケース１, ２はＢ to Ｂのため、アカウントでのCVより電話でのお問い

合せが多く、アカウントの数値がすべてではありませんが、アカウント上の数値だけを見ると、CPAを下げることができています。

・ケース3

次に紹介するのは、ECサイトのクライアントの結果です。CTRで2.3%以上の差が出ています。CTRがよいクリエイティブほど、品質スコア・CPC・CPAがよくなっています。

ECサイトのクライアントの結果

クリエイティブ変更のタイミング	目安
フリークエンシー	フリークエンシー：4〜5回
配信期間	2週間に1度

バナーのデザインを載せられないのが残念ですが、広告文はまったく同じでもバナーが違うだけで、最も成果の高い広告と最も成果の低い広告では、次のような差が出ています。

・（低）CTR：1.1%　CPC：179円　品質スコア：3　CPA：4300円、CV数：6
・（高）CTR：2.3%　CPC：138円　品質スコア：5　CPA：1600円、CV数：6

□ クリエイティブを変更するタイミング

どんなに成果が出ているクリエイティブでも、同じクリエイティブをずっと使用していると、ユーザーが飽きてしまい、徐々に成果が出にくくなってしまいます。基本的には、成果が悪化したタイミングでクリエイティブを変更していけば問題ないのですが、成果は日々変動するので、悪化したタイミングを判断するのは非常に難しいです。

そこで、変更するタイミングにルールを設けると、管理がとても行ないやすくなります。変更するルールでオーソドックスなのは、次の２つになります。

・フリークエンシーの数値
・配信期間

管理画面のクリエイティブ別数値

広告の名前	消化金額	関連度スコア	インプレッション数	リンクのクリック	CPC(リンククリックの単価)	CTR(リンククリックスルー率)	ウェブサイトコンバージョン	ウェブサイトコンバージョンの単価
1122A-LP5_広告文2	¥7,831	5	2,488	32	¥245	1.29%	1	¥7,831
1120A-LP5_広告文2	¥3,485	5	1,220	7	¥498	0.57%	—	—
1121A-LP5_広告文2	¥1,432	—	369	2	¥716	0.54%	—	—
0724C-LP5_広告文2	¥25,583	2	17,200	115	¥222	0.67%	1	¥25,583
0724D-LP5_広告文2	¥21,003	2	12,795	81	¥259	0.63%	1	¥21,003
0724B-LP5_広告文2	¥2,325	3	1,352	5	¥465	0.37%	—	—
0724A-LP5_広告文2	¥4,148	5	4,310	18	¥230	0.42%	—	—
0724A-LP5	¥3,177	5	3,879	7	¥454	0.18%	—	—
0724B-LP5	¥43,427	4	70,311	105	¥414	0.15%	—	—
広告9件の結果	¥112,411 合計消化金額		113,933 合計	372 合計	¥302 /アクション当たり	0.33% /インプレッション	3 合計	¥37,470 /アクション当たり

・フリークエンシーの数値

フリークエンシー（１人のユーザーが広告を見た回数）が４～５回以上のクリエイティブに関しては、変更することで成果が改善される可能性が高まります。

・配信期間

案件や予算や配信量によって大きく異なりますが、平均すると成果が出ているクリエイティブでも、２週間前後で成果が落ちてくる傾向があります。そのため、隔週でクリエイティブを変更すると効果的な配信が可能になります。あまり予算を使用していないアカウントでも、月１回くらいのペースで変更しましょう。

Facebook広告の成果を出すには、セグメント、配信手法、LPなどさまざまな要素がありますが、成果が出ないからとすぐに撤退してしまうのではなく、クリエイティブを見直すだけで改善できる可能性もあります。Facebook広告の是非を判断する前に、ぜひクリエイティブのテストを行なってみてください。

CHAPTER_4

02 バナーにどのような画像や動画を配信するべきか

Facebookのバナー選定のポイントを紹介していきます。
大きく分けて3つあります。

□ ①ユーザーの興味をひくテーマを選ぶ！

バナーはユーザーが最初に目をひく要素となります。バナーで興味をひくことができなければ、広告文も読まれないため、ユーザーの興味をひくようなテーマを選ぶ必要があります。逆に興味をひくことを意識しすぎて、まったく関係のないバナーを使用しないように気をつけましょう

□ ②品質を重視する

FacebookやInstagramで投稿されている画像は高品質なものが多いため、品質が悪いと同じデザインでも見てもらえないケースがあります。また、不鮮明な画像やクリップ・ストックアートなども避けるようしましょう。

特に、Instagramは女性ユーザーが多いため、きれいな画像を意識する必要があります。

□ ③ユーザーが投稿したように見える画像

FacebookやInstagramはネイティブ系の広告なので(87ページ参照)、き

れいに作り込んだバナーよりも、一般のユーザーがiPhoneで撮影したような画像のほうが成果が出るケースがあります。

ただ、これは商材によって相性があります。例えば、街の花屋さんや飲食店であれば、iPhoneで投稿したようなバナーを使用して、一般ユーザーの口コミのように見せることで成果が期待できます。一方、B to B向けの商材などはきれいに作成したバナーで成果が見込めます。

・最近では動画が主流になってきている

最近では、動画も主流になってきており、画像だけではユーザーの反応を取り難いことが多い状況になっています。できれば画像だけでなく、動画も一緒に配信するように心がけましょう。

とはいっても、動画を作成できないという企業も多いので、その場合はスライドショーなどのFacebook広告の機能を利用して、動きのある広告展開をしてみてください。

また、バナーでは、バナー内のテキスト量は20%以内にする必要があるため（20%ルール）、下記の図のように文字は一定箇所にまとめて配置するよう心がけてください。

20% ルール

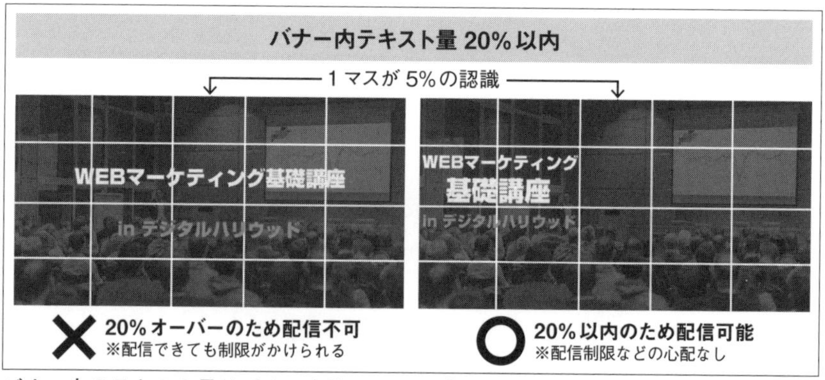

バナー内のテキスト量はバナー全体の20%と定められています。文字は一定箇所にまとめて配置しましょう。

CHAPTER_4

03 商品を宣伝するための「見出し」の作り方

商品を上手に宣伝するためには、
画像とともに、見出しも重要となります。

□ 見出しは1行以内に収まるように

図の中の囲みの部分が「見出し」です。見出しを作るポイントは、「シンプルに伝わりやすく」です。

Facebook広告の見出し

伝えたいことがたくさんあるかもしれませんが、Facebookではスマートフォンユーザーが多いため、文字数を多くしてしまうと完全に表示されないケースがあります。そうならないためにも、見出しはシンプルでわかりやすいものにする必要があるのです。

Facebook 広告の文字数

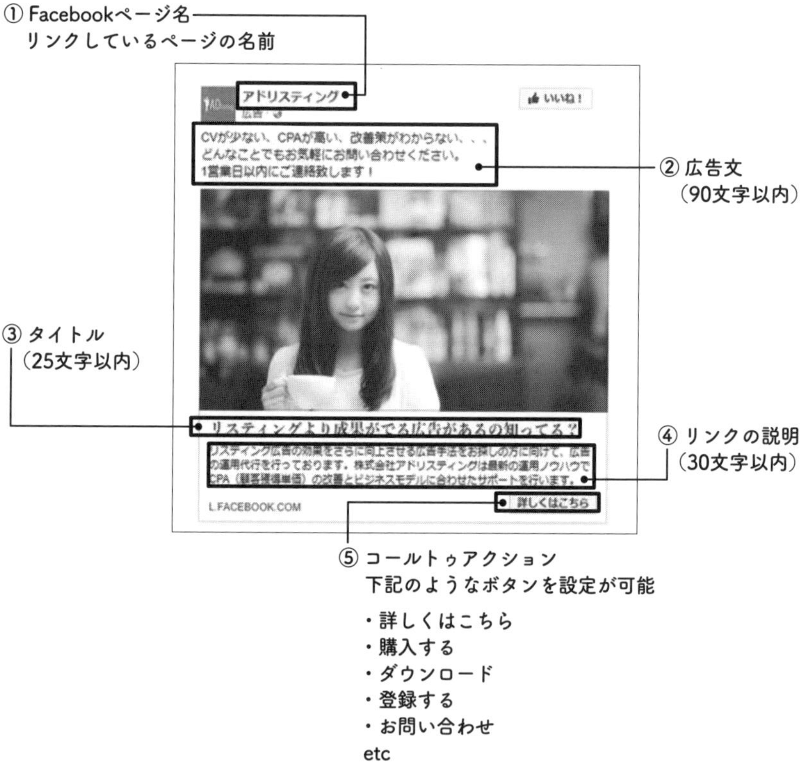

見出し＝タイトルは「25文字以内」とされていますが、25文字では多いため、極力1行以内に収まる程度で設定しましょう。

CHAPTER_4

04 広告文を作成するポイント

広告文は、タイトルよりテキストサイズは小さいものの、
占める面積は大きく、多くの情報をテキストにして表現することが
可能です。Facebook広告は、バナーによって成果が大幅に
変わりますが、広告文も非常に重要なポイントになります。
広告文とLPがずれていると、ユーザーを誘導できても、
コンバージョンの獲得は期待できません。
LP・バナーに適した広告文を作成する必要があります。

□ 9つのタイプに分類して作成する

広告文を作成するのは難しいと思う方が多くいます。しかし、広告文のタイプは大きく分けると９つに分類することができ、それぞれのタイプに当てはめることで、簡単に広告文を作成することができます。

広告文作成の９つの分類

種類	ポイント	有名コピー例
なるほど！ ドキッと気づかせタイプ	潜在的な要求を気づかせるフレーズを考えることによって、対象の心に刺さり、CV までつなげる。	・おいしいものは、脂肪と糖でできている。（日本コカ・コーラ「からだすこやか茶」） ・あなたのあだ名が「メガネ」なのは、そのメガネが似合っていないからです。（Zoff）
今やろう！ 今すぐ行動タイプ	商品の便利な点や手軽さなどを謳うことにより、対象に即行動を起こさせる。「この商品を使うとこんなにいいことがあるよ」ということをわかりやすく簡潔に伝えることが重要。	・ブルーレットおくだけ（小林製薬） ・おいしく、ココロ、ととのえる。（カゴメ「野菜生活 100」）
期間限定！ 期限をアピールタイプ	基本は今すぐ行動タイプと同じだが、「今なら」や「本日限り」など、具体的な期日を盛り込むことによって意欲を高める。	・今だけ１等 10 億円（BIG 宝くじ）
あれ、私のことかも…… デモグラ狙い込みタイプ	性別や年齢など、ターゲットを狙って作る。ターゲットが自分と重ねて考えてしまうような、ドキッとしてしまうフレーズを考える。	・四十才は二度目のハタチ。（伊勢丹）
わかるわかる！ 気持ち代弁タイプ	ターゲットの気持ちを読み取って訴求する。あたかも広告ではないかのような言いまわしで考える。	・働く８時間は長いのに、眠る８時間は短い。（養命酒）
同じこと思ってた！ 感情刺激タイプ	基本は代弁タイプと同じだが、さらに感情をプラスする。ターゲットの本音をオーバーに表現する。	・今行かなくて、いつ行くんだ。（JR 東日本）
別のものと比べるタイプ	宣伝したい商品とは別の物と比べることで、価値観を上げて CV につなげる。ベネフィットをアピールできるものを考える。	・学力に限りなし。時間限りあり。（河合塾）
こんなに変わるんだ！ 将来イメージタイプ	宣伝したい商品を使用することにより、結果どうなるかをイメージさせる。具体的な数値を入れるとわかりやすくなる。	・あれ、近くが見えやすくなった？（ファンケル「えんきん」）

□ インパクトを与える自社商品の表現方法

広告文で大事なのは、「何を」「誰に」伝えたいのかを明確にすることです。ターゲット層が変われば、文章の表現を変える必要があります。

ただし、「Read More」「もっと見る」のように、画面サイズによってはすべてが表示できない場合も多いので、こちらも多くて２～３行程度にまとめる工夫をしましょう。

また訴求方法を考えるときに、次の９項目を参考にしてみると、自社商品がどの方法が一番印象を与えることができるかが理解しやすくなります。

①安売り系	「在庫処分につき 50%OFF ！」のような表現。
②独自系	「案件依頼が多すぎて人手不足なので、入社してください」のような表現。
③セット系	「Facebook のすべてを理解するならこの２冊を読めば十分です」という表現。
④数字系	「リピート率 驚異の 92.4% ！」のような具体的数字による表現。
⑤希少系	「１日 10 個限定」のような表現。
⑥ランキング系	「今週の売上 No.１」のような表現。
⑦特定系	「福岡県在住のみなさまへ」のような表現。
⑧煽り系	「まだ高い保険料を払うの？」のような表現。
⑨不認知系	「経営に戦略はいらない」のような一般意見とは異なる表現。

この他にもたくさん表現する方法はあると思いますが、自社サービスが上記に当てはまりそうであれば、ぜひ参考にしてみてはいかがでしょうか。

CHAPTER_ 5

配信を開始したら やっておくべきこと

広告の作成が完了したら、
いよいよ広告配信を開始することができます。
Facebook広告はリアルタイムで
広告の成果が確認できますが、
常に動き続けている広告の重要な動きを
見落とさないためにも、アカウントの見方を
しっかりとおさえておきましょう。

CHAPTER_5

01 広告アカウントの見方を学ぼう

広告が完成し、配信したら、まずやるべきことは
広告が正常に配信されているかをチェックします。

□ 広告が配信できているか確認しよう

まず「キャンペーン」を開いてみます。配信がオンになっている場合、「キャンペーン名」の左のボタンが青くなります。配信がオフの場合はボタンがグレーになっています。

「配信」という項目が「アクティブ」になっていれば広告は無事に配信されています。

広告マネージャのキャンペーンの画面

「キャンペーン」がオンになっていても、「広告セット」や「広告」がオフになっている場合は「未配信」になってしまい、広告が配信されていない状態になるため注意が必要です。

□ 列をカスタマイズしよう

次に、広告の配信結果を見やすくする方法を説明します。

まずは「キャンペーン」の項目を見てみましょう。「結果」や「リーチ」などの項目が並んでいますが、最初はデフォルトで設定されているため、必要な項目を表示させる必要があります。

また、必要のない項目を除外することもできるため、自分が見やすいように表示項目をカスタマイズしてみましょう。

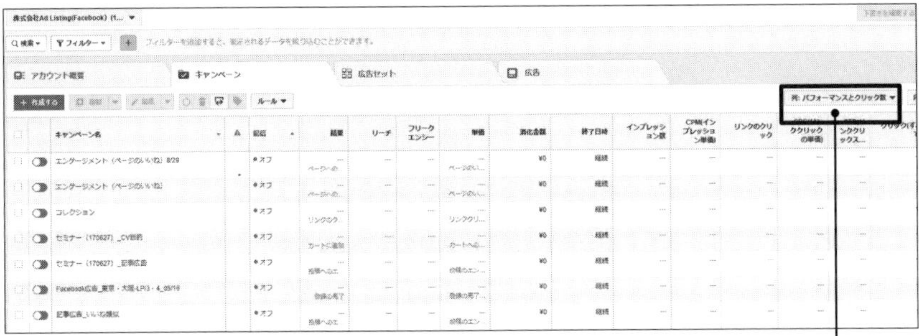

①まず「列：パフォーマンス」をクリックします。

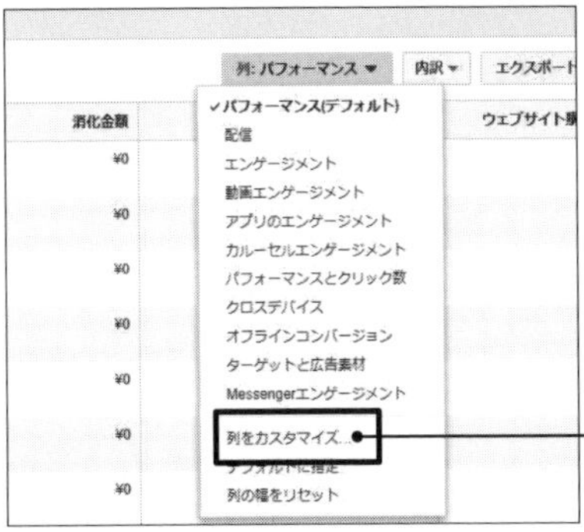

②続いて「列をカスタマイズ」をクリックします。

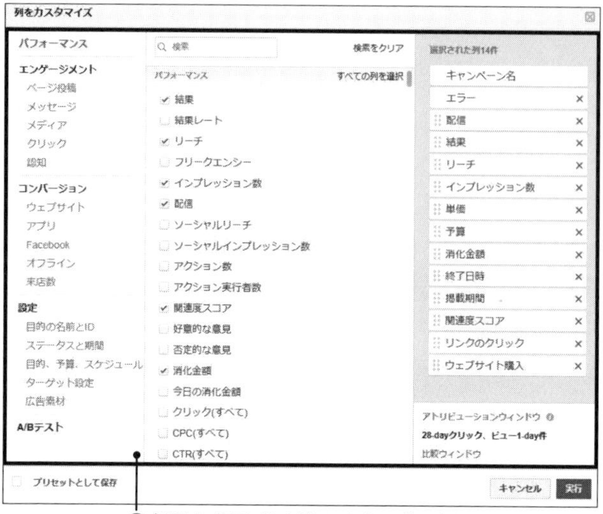

③必要な項目だけ残るように「×」をクリックしたり、ドラッグ＆ドロップしたりして並び替えます。必要な項目が選択された項目にない場合は、左の項目の中から探してチェックを入れると追加できます。

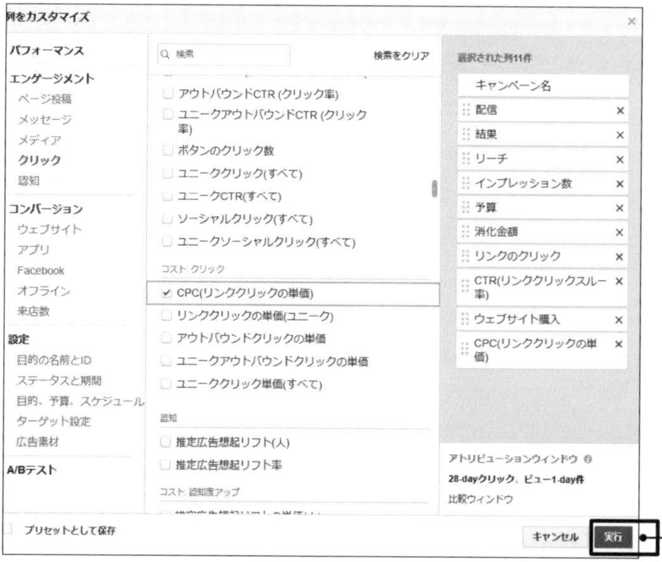

④項目の選択が終わったら「実行」をクリックします。

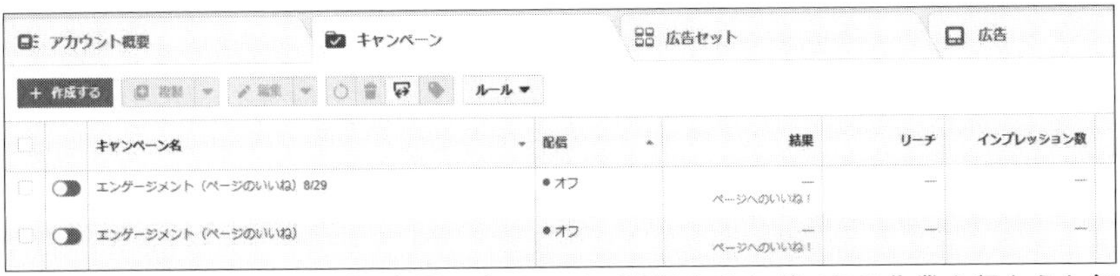

⑤これで列のカスタマイズは完了です。しかし、確認するたびにこの作業を行なうと無駄な時間がかかってしまうため、この列を保存して、すぐに列を並び替えられるようにしておきましょう。

☐ 列の保存の仕方

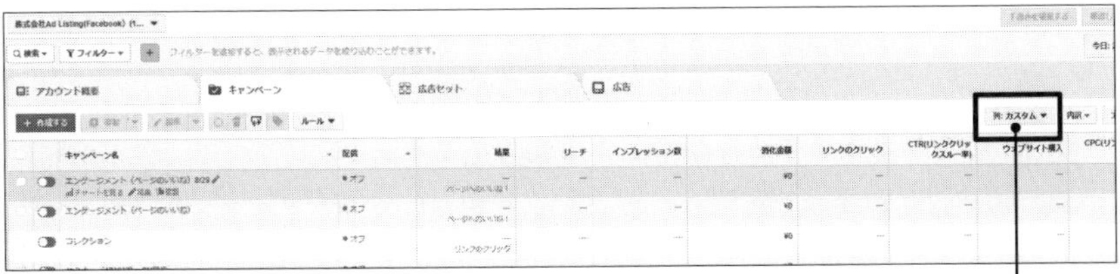

①「列：カスタム」をクリックします。

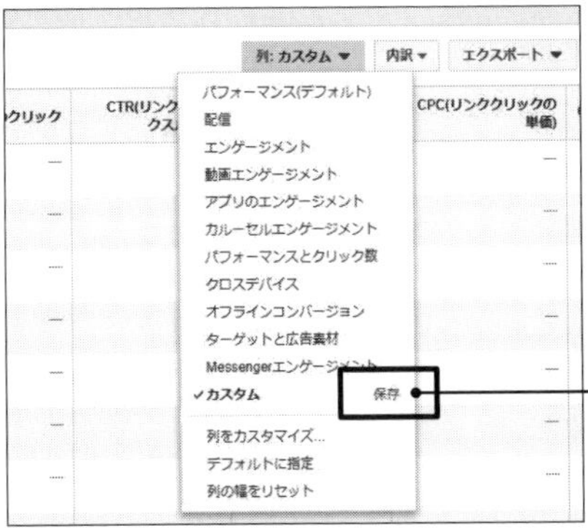

②「カスタム」の右にある「保存」をクリックします。

③中央に「列プリセットとして保存」というウインドウが出てくるので、わかりやすい名前を付けて「保存」をクリックします。

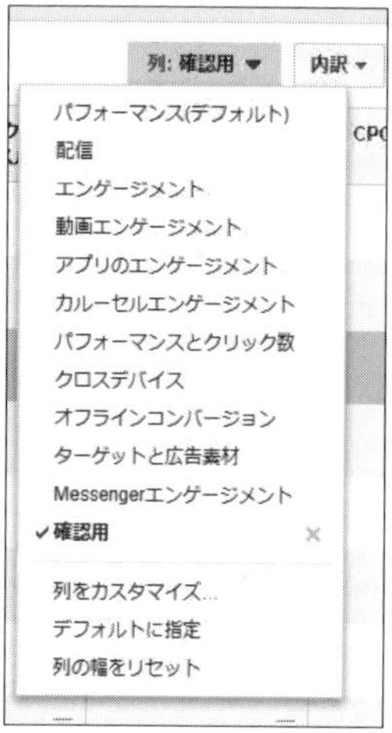

④これでカスタムした列の保存は完了です。次回から同じ項目を確認したいときは、作成した列プリセットを選べば、素早く項目を並び替えることができます。

□ 期間を指定して成果を確認しよう

表示する期間を指定することで、今日１日だけの成果を確認したり、今週と先週の成果を比較したりすることが可能です。

①管理画面の右上の「期間選択」をクリックします。

②成果を確認したい期間を選択します。表示されるカレンダーで日付を選択することで自由に期間を指定することも可能です。

□ 月/週/日別の数値を比較する方法

右上の「期間選択」で検証したい期間を選択します。今回は先月の成果を検証することにします。

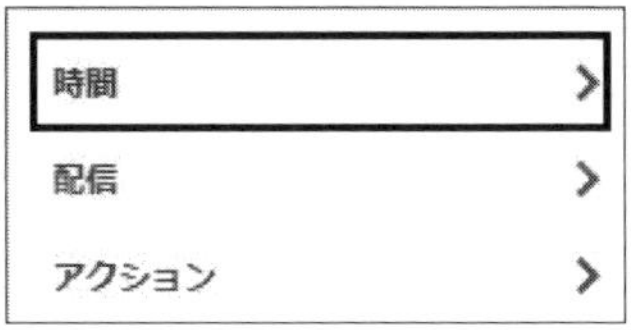

①「内訳」をクリックします。クリックすると表示されるウィンドウから「時間」を選択します。

②「日」「週」「2週間」「月」という項目が表示されます。「日」を選択し、先月の日別の成果を見てみることにします。

キャンペーン名	配信	結果	リーチ	インプレッション数	消化金額	リンクのクリック	CTR(
コンバージョン目的_FB	アクティブ	947 登録の完了	220,401	323,611	¥1,469,012	34,101	
2018-05-21		8	17,973	18,215	¥78,353	1,746	
2018-05-20		37	47,026	49,781	¥206,807	5,085	
2018-05-19		48	47,331	51,462	¥241,706	5,316	
2018-05-18		41	44,418	48,204	¥285,101	4,996	
2018-05-17		54	34,672	36,979	¥190,197	4,082	
2018-05-16		43	26,560	28,258	¥170,194	3,743	
2018-05-15		30	12,260	12,981	¥72,790	1,708	
2018-05-14		10	5,572	5,894	¥27,958	617	
2018-05-13		15	6,314	6,804	¥29,572	753	
2018-05-12		15	6,064	6,510	¥29,384	812	
2018-05-11		4	4,952	5,668	¥28,264	619	

③日ごとの数値を確認することができます。実際に配信を続けていくと、日別や月別の成果を検証することは多いかと思います。CHAPTER_8（144ページ参照）で詳しく説明しますが、日別や月別で比較したときに徐々に成果が落ちてきていることがわかれば、クリエイティブの変更などの改善を行なう必要があることがわかります。最初のうちは、明確な指標をつかむことは難しいかもしれませんが、見方を覚えておくことで、いずれ大きな発見があるかもしれません。

□ さまざまな配信データを確認しよう

次に広告が配信されているユーザーの「年齢」「性別」「地域」などのデータ、表示されている「デバイス」や「配置」などを確認する方法です。

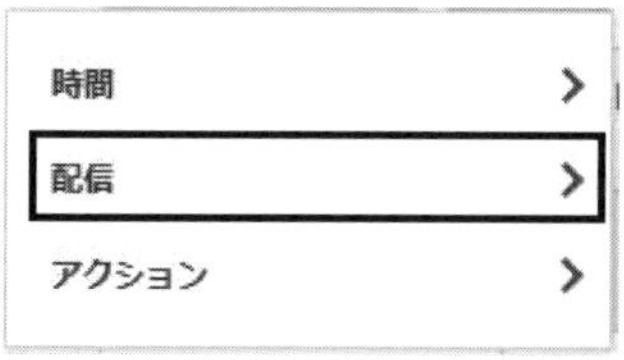

①「期間選択」で表示する期間を選択します。「内訳」をクリックして「配信」を選択します。

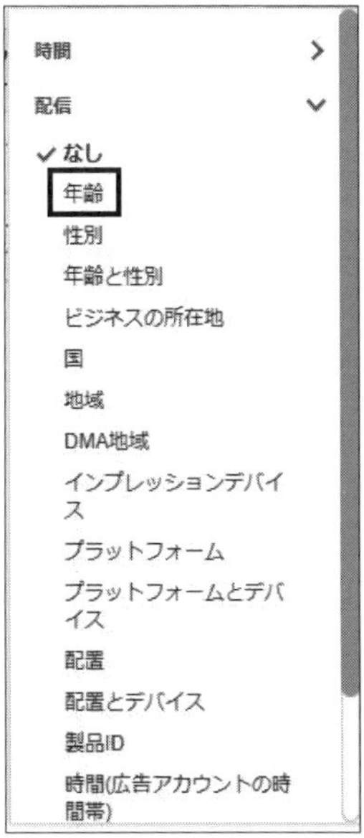

②各項目が表示されるので確認したい項目を選択します。今回は「年齢」を選択して年代別の成果を見てみましょう。

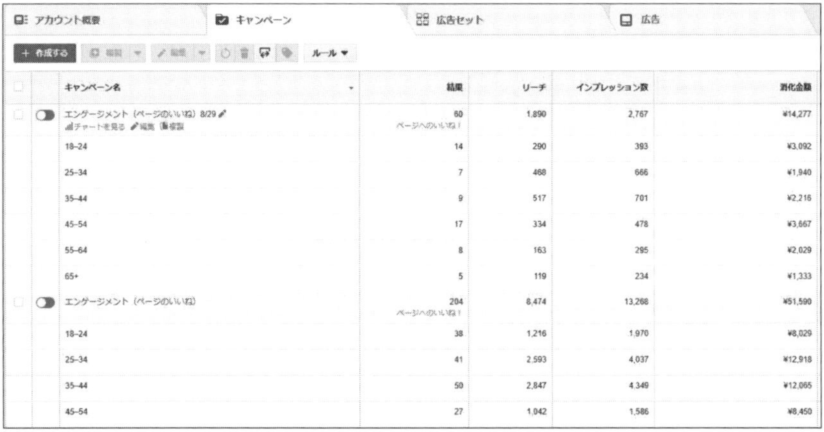

キャンペーン名	結果	リーチ	インプレッション数	消化金額
エンゲージメント（ページのいいね）8/29	60 ページへのいいね！	1,890	2,767	¥14,277
18-24	14	290	393	¥3,092
25-34	7	468	666	¥1,940
35-44	9	517	701	¥2,216
45-54	17	334	478	¥3,667
55-64	8	163	295	¥2,029
65+	5	119	234	¥1,333
エンゲージメント（ページのいいね）	204 ページへのいいね！	8,474	13,268	¥51,590
18-24	38	1,216	1,970	¥8,029
25-34	41	2,593	4,037	¥12,918
35-44	50	2,847	4,349	¥12,065
45-54	27	1,042	1,586	¥8,450

③このようにFacebook広告ではユーザーデータを利用して詳細なデータを確認することができます。このデータを活かして成果の出やすいターゲットに配信を絞ったり、新たな顧客層を発見したりすることもできます。しかしながら、配信開始直後のまだデータが少ない段階で判断してしまうと「一時的に成果がよかっただけ」という可能性も考えられます。そのため、ある程度のクリックが集まってきたときにターゲットを絞り込んでいくようにしましょう。

CHAPTER_5

02 日々のアカウント管理の大切さについて

ついつい忘れがちになってしまうことも多いのが
アカウント管理です。少しでも時間を取って
アカウントを見ることで、配信ミスを防ぐことができます。

どれくらいの頻度でアカウントを見るべき?

業務のかたわらで広告運用を行なっていると、「しっかりとアカウントを見る時間がなかなかない」といった声も多いです。しかしながら、Facebook広告では昨日まで配信できていた広告が突然配信されなくなることも少なくありません。もちろん、普通に運用していればあまり心配することもないのですが、例えば次のような理由で広告が配信されなくなるケースもあるので注意が必要です。

- **フリークエンシーが高騰し、反応率が低下し続けている**
- **急に広告ポリシーの審査に引っかかり、広告が不承認になっている**
- **予算を消化し切ってしまい、配信がストップしている(上限予算を設定している場合)**

事前にこのようなケースを防ぐためには、こまめにアカウントをチェックしておくことをおすすめします。細かい部分までチェックすることが難しくても、1日1回はしっかり配信が行なわれているかどうかを確認しましょう。

CHAPTER_6

さらなる効果が期待できる「カスタムオーディエンス」

カスタムオーディエンスとは、自社が保有している
顧客リスト（電話番号やメールアドレスなど）と
Facebookのアカウント情報を照合して、
合致したユーザーへ広告配信が可能となる機能です。
カスタムオーディエンスはどの案件でも
成果が出やすい傾向があるので、
リストがある場合はぜひ配信することをおすすめします。
また、「Facebookページにいいね！をしたユーザー」や
「サイトを訪れたことのあるユーザー」のリストを作成して
配信を行なったり、これらの「類似ユーザー」に
配信を広げたりといった応用も可能です。
本CHAPTERではその方法について説明します。

CHAPTER_6

01 カスタムオーディエンスとは？

ユーザーの情報量が多いFacebookならではの
配信方法がカスタムオーディエンスです。

カスタムオーディエンスの種類

セグメントを設定すると、ターゲティング精度は高くなるのですが、その分、競合他社も同じターゲットに配信を行なっている可能性が高いため、配信先のユーザーが重複してしまう可能性も高くあります。

カスタムオーディエンスの場合、自社の顧客リストや自社サイトを訪れたユーザーのリストを基にするため、競合他社が配信していないユーザーにもアプローチすることができるというメリットがあるのです。

現在、大きく分けて次の５つのカスタムオーディエンスがあります。

①カスタマーファイル
②ウェブサイトトラフィック
③アプリアクティビティ
④オフラインアクティビティ
⑤エンゲージメント

聞きなれない単語が並んでいますが、難しい内容ではないので、１つずつ説明していきます。

①カスタマーファイル

自社の顧客リストを使用したカスタムオーディエンスです。顧客リストとFacebookユーザーの情報を照合して、合致したユーザーでリストを作成できます。

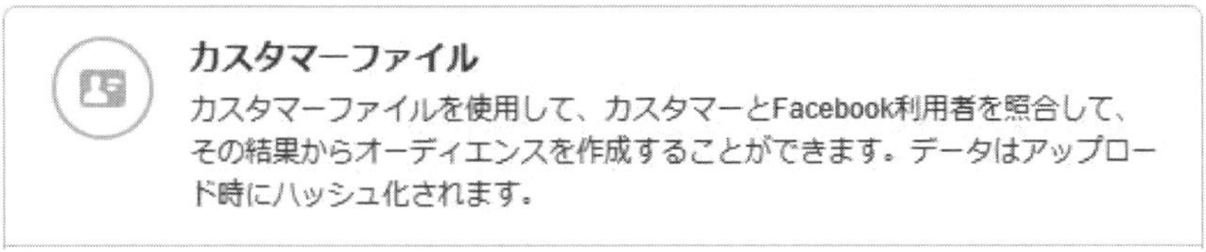

カスタマーファイル
カスタマーファイルを使用して、カスタマーとFacebook利用者を照合して、その結果からオーディエンスを作成することができます。データはアップロード時にハッシュ化されます。

②ウェブサイトトラフィック

Facebookタグ(ピクセル)を設置したウェブサイトにアクセスしたユーザーのカスタムオーディエンスです。例えば、リマーケティング(一度サイトへ訪れた方への配信)を行ないたい場合は、こちらのカスタムオーディエンスを使用します。

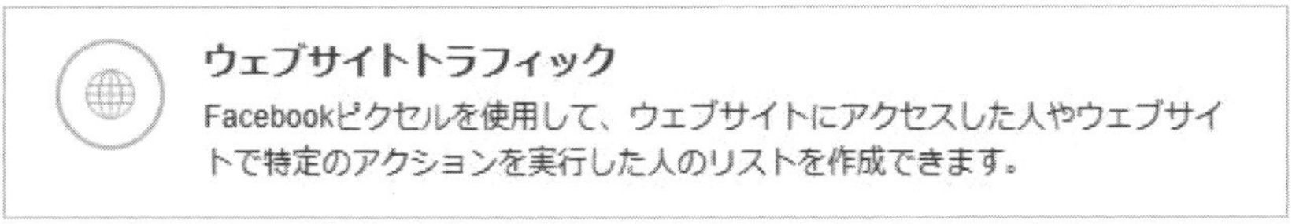

③アプリアクティビティ

アプリやゲームを使用したユーザーのカスタムオーディエンスです。アプリを連携させている場合のみ利用可能です。

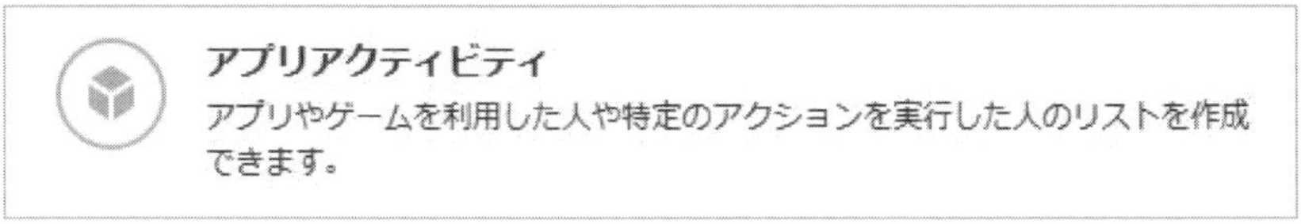

④オフラインアクティビティ

店頭や電話、その他のオフラインチャンネルでビジネスと何らかの交流をした人のリストを作成します。

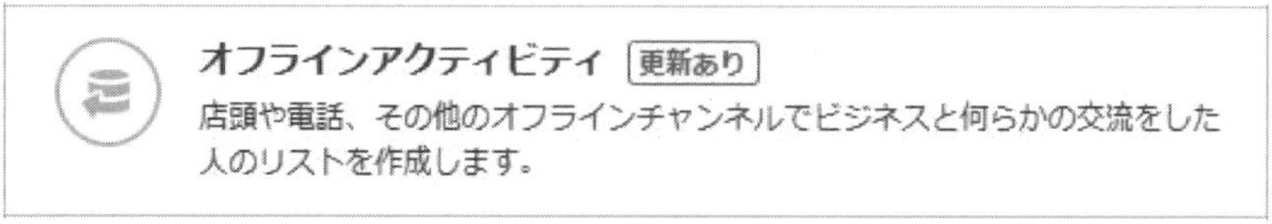
オフラインアクティビティ
更新あり
店頭や電話、その他のオフラインチャンネルでビジネスと何らかの交流をした人のリストを作成します。

⑤エンゲージメント

エンゲージメント（FacebookやInstagramで特定のアクションをしたユーザー）を使用したカスタムオーディエンスです。

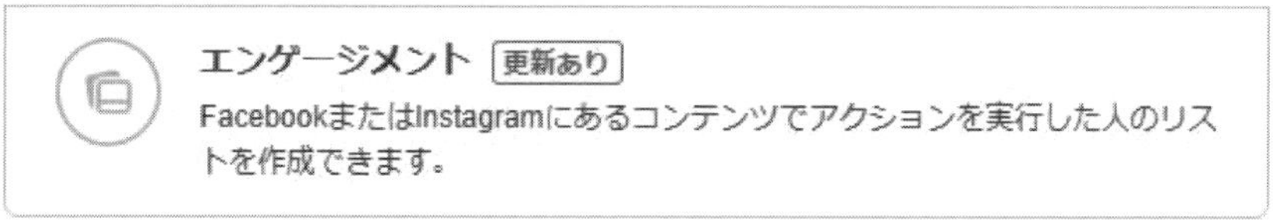
エンゲージメント
更新あり
FacebookまたはInstagramにあるコンテンツでアクションを実行した人のリストを作成できます。

エンゲージメントでは、さらに次の６つの項目から選択して、広告を配信することができます。１つずつ説明していきます。

・動画

FacebookまたはInstagramで動画を再生した人のリストを作成でき、そのリストに対して配信ができます。こちらは動画広告を配信したことがある場合に使用ができます。

例えば「動画を３秒以上再生したユーザー」や「動画の25%以上を視聴したユーザー」などです。

・リード獲得フォーム

FacebookまたはInstagramでリード獲得広告のフォームを開いた人のリストを作成できます。フォームを開いた人への配信、フォームを開いたが送信はしなかった人への配信、フォームを開いて送信した人への配信ができます。

例えば、フォームを開いたが送信はしなかった人に対しては、興味はあってフォームを開いたが、入力するのが面倒だと感じ送信をしなかったと考えられます。そこで、フォームをより簡素化して再度広告を配信することで、獲得につながる可能性があります。

・フルスクリーンエクスペリエンス

Facebookでコレクション広告またはキャンバスを開いた人のリストを作成できます。

・Facebook ページ

Facebookページ上でアクションを実行した人のリストを作成できます。

例えば、ページにアクセスした人、メッセージを送信した人、コールトゥアクションボタンをクリックした人などです。

・Instagram ビジネスプロフィール

Instagramビジネスプロフィールと交流した人のリストを作成できます。先ほどのFacebookページのInstagram版というイメージがわかりやすいと思います。

・イベント

Facebook上のイベントに興味を持った人のリストを作成できます。事前に作成しているFacebookイベントに「興味あり」「参加予定」などのアクションをしたユーザーでリストを作成できます。

エンゲージメントから選択できる項目

カスタムオーディエンスを作成
オーディエンスの作成に使用するものを選択してください
エンゲージメントオーディエンスを使用することで、Facebookにあるあなたのコンテンツでアクションを実行したことがある人にリーチすることができます。
動画 更新あり
FacebookまたはInstagramであなたの動画を再生した人のリストを作成できます。
プラットフォーム:
リード獲得フォーム 更新あり
FacebookまたはInstagramであなたのリード獲得広告のフォームを開いた人または完了した人のリストを作成できます。
プラットフォーム:
フルスクリーンエクスペリエンス 更新あり
Facebookであなたのコレクション広告またはキャンバスを開いた人のリストを作成できます。
プラットフォーム:
Facebookページ
Facebook上のページでアクションを実行した人のリストを作成することができます。
プラットフォーム:
Instagramビジネスプロフィール NEW
Instagramビジネスプロフィールと交流した人の人を作成することができます。
プラットフォーム:
イベント NEW
Facebookのあなたのイベントでアクションを実行した人
プラットフォーム:
戻る

CHAPTER_6

02 カスタムオーディエンスの作成方法

次はカスタムオーディエンスの作成方法です。CHAPTER_6-01で紹介したように種類が多いですが、リストは一通り作成して、成果のいいオーディエンスを見つけましょう。

□ よく使用される4つのリスト

作成可能なリストの中でも、よく使用されるリストが次の４つになります。

①顧客リストユーザー
② Facebookページに「いいね！」を押したユーザー
③リマケ（リマーケティング）ユーザー
④CV（コンバージョン）ユーザー

これらのリストユーザーは過去に何らかの形で自社のサービスやサイトに接触していることになるため、アプローチの確度が比較的高くなります。ぜひ活用してほしい配信手法でもあるので、これらのリストの作成方法について説明します。

□ 顧客リストユーザーの作成方法

自社で保有している顧客のリストに対して広告を配信することができます。既存の顧客データなので、高い効果が期待できます。

メールアドレス	電話番号
test01@gmail.com	03-1234-5678
test02@gmail.com	03-1234-5679
test03@gmail.com	03-1234-5680
test04@gmail.com	03-1234-5681
test05@gmail.com	03-1234-5682

①まずは使用するリストを作成していきます。Excel（類似ソフトも可）に、メールアドレスや電話番号などの自社が保有しているユーザー情報を記載していきます。
※メールアドレス、電話番号はダミーです。

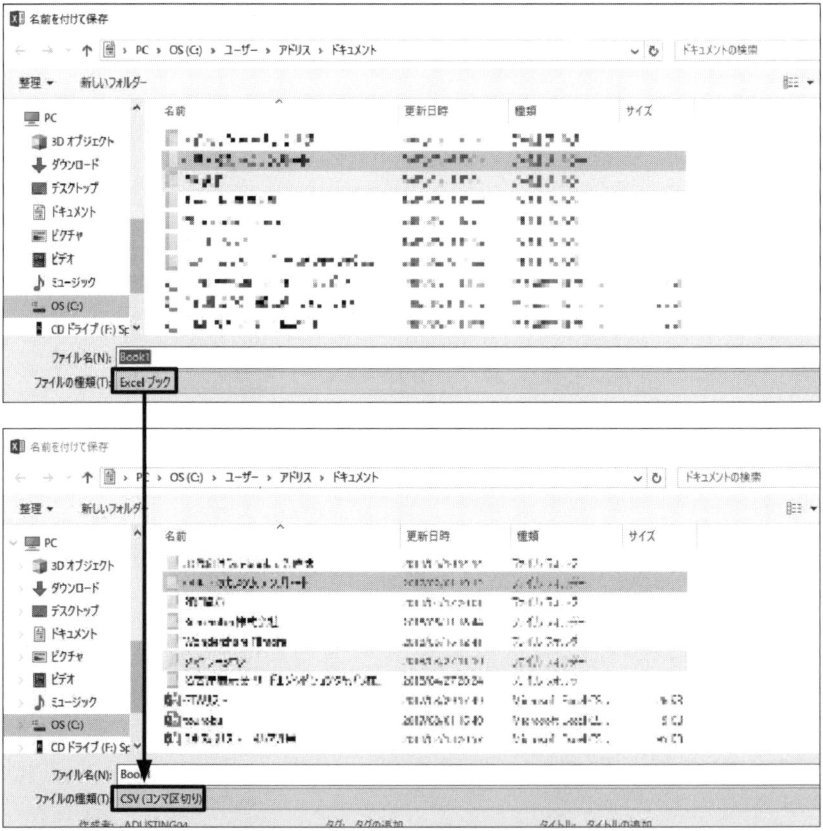

②次に作成したファイルを保存するのですが、初期設定ではおそらく「.xlsx」という形式で保存されてしまうため、必ずCSVデータに変更して保存しましょう。
※個人情報が含まれているため、モザイク処理をしています。

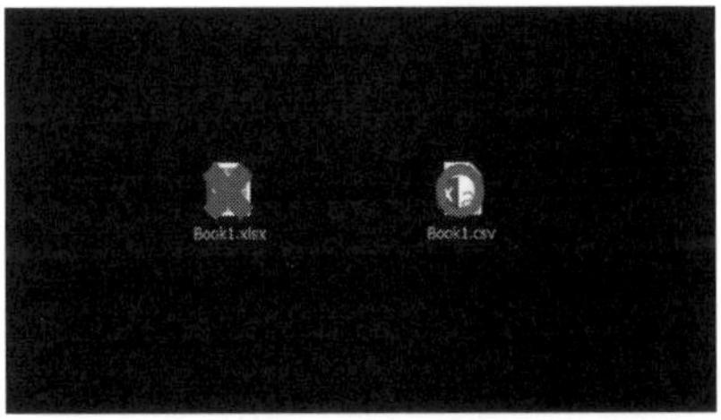

③右のようなファイルを作成します。

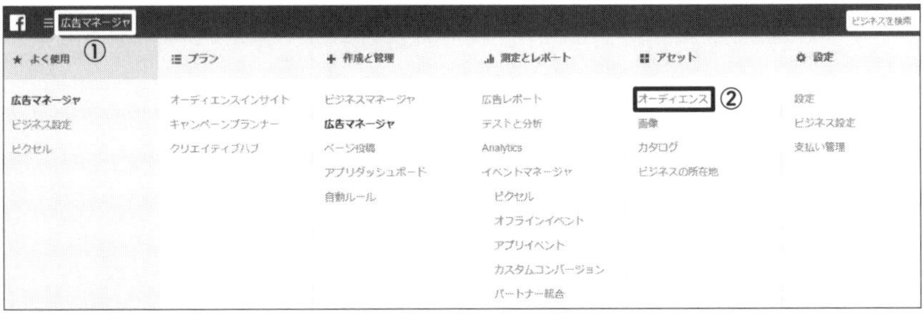

④広告マネージャ画面の左上にある「広告マネージャ」をクリックし、「オーディエンス」をクリックします。

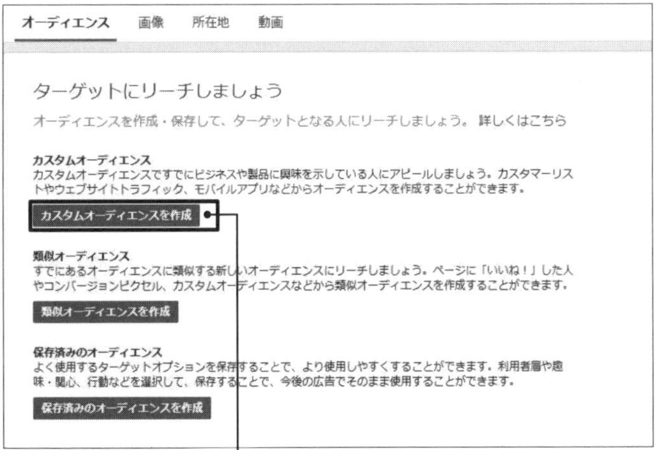

⑤「カスタムオーディエンスを作成」をクリックします。

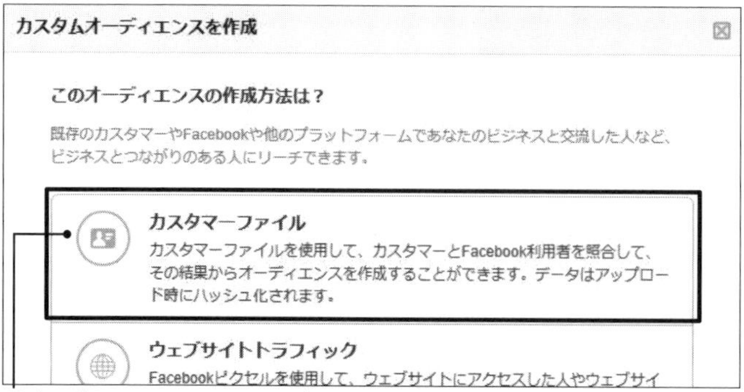

⑥次に「カスタマーファイル」をクリックします。

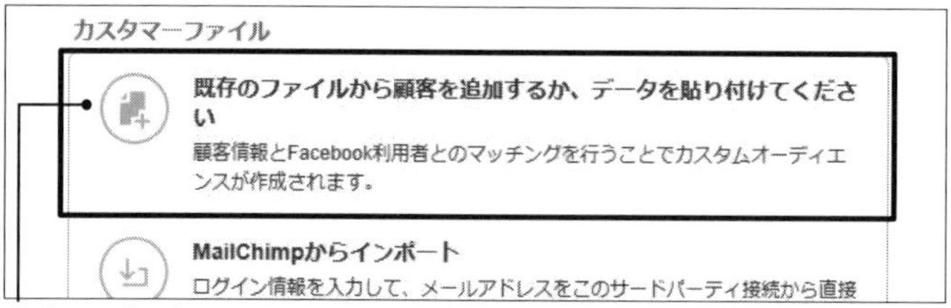

⑦次に、「既存のファイルから顧客を追加するか、データを貼り付けてください」をクリックします。

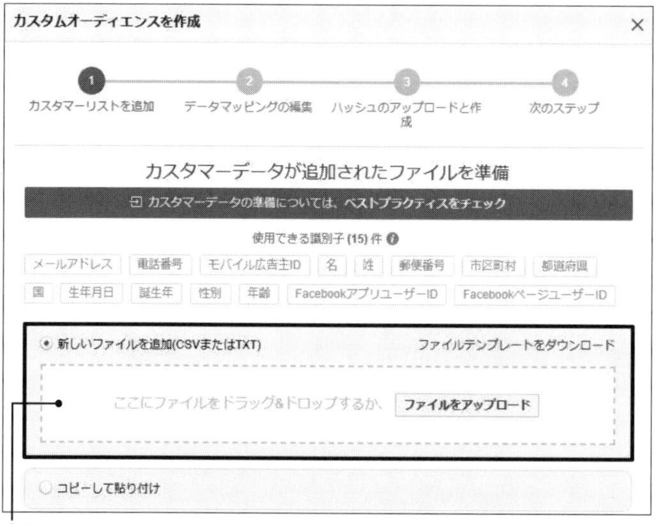

⑧「新しいファイルを追加」の部分に先ほど用意したCSVファイルをドラッグ&ドロップ、もしくは「ファイルをアップロード」から追加します。

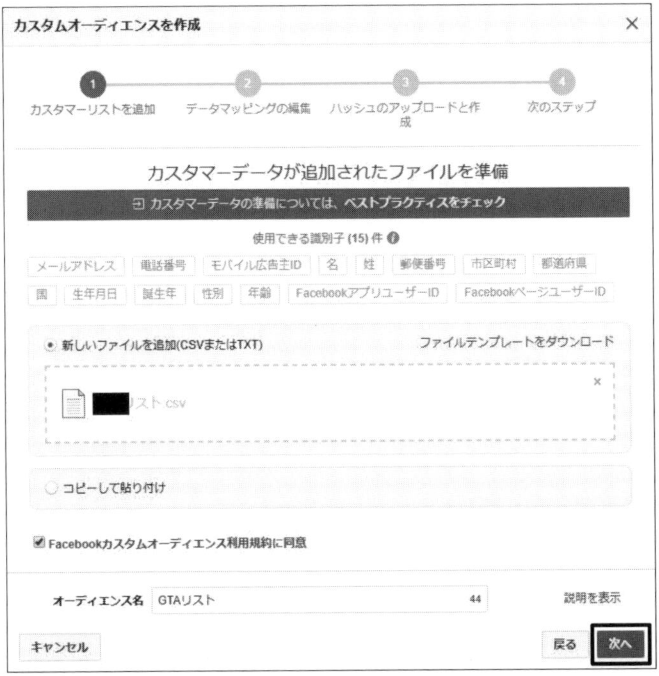

⑨データの読み込みが完了したら、「次へ」をクリックします。

⑩データの内容に間違いがなければ、「アップロードして作成」をクリックします。

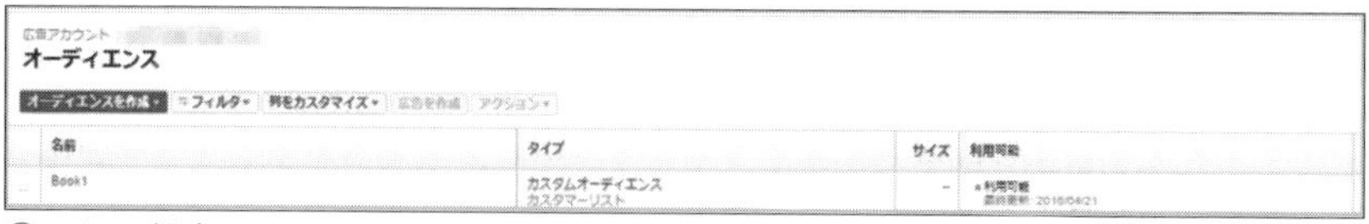

⑪これで保有しているリストのカスタムオーディエンスの作成は完了です。作成したオーディエンスの一覧画面でおおよそ何件のリストがFacebookユーザーと一致したのかを確認することができます。アップロードしてからリストが使用可能になるまでに、数十分かかることもあるので、少し時間をおいてから確認してみてください。

□ Facebookページに「いいね！」を押したユーザーリストの作成方法

Facebookページに「いいね！」を押したユーザーへの配信は、カスタムオーディエンスを作成する必要はなく、広告セットの「オーディエンス設定」で直接配信することができます。

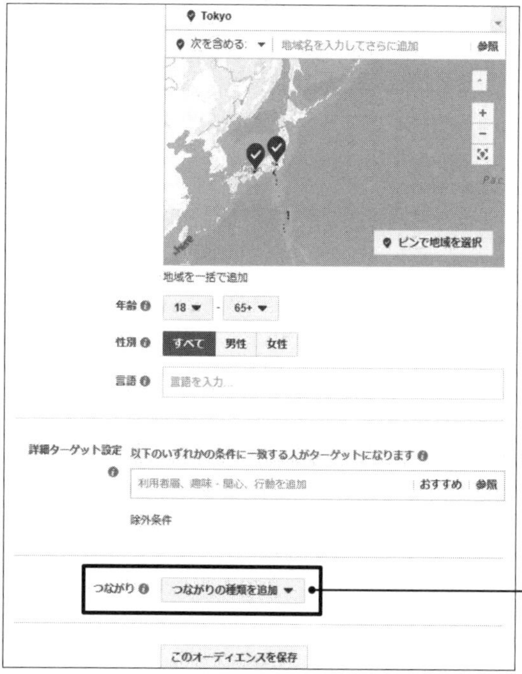

①広告セットの設定画面で「つながりの種類を追加」をクリックします。

②「Facebookページ」→「あなたのページにいいね！した人」の順でクリックしたあと、Facebookページ名を検索窓で検索し、Facebookページを設定します。これで、Facebookページに「いいね！」を押したユーザーに対して、広告が配信できます。

リマケ(リマーケティング)ユーザーの作成方法

使用することが非常に多いリマーケティング配信ですが、このリストも簡単に作成することができます。

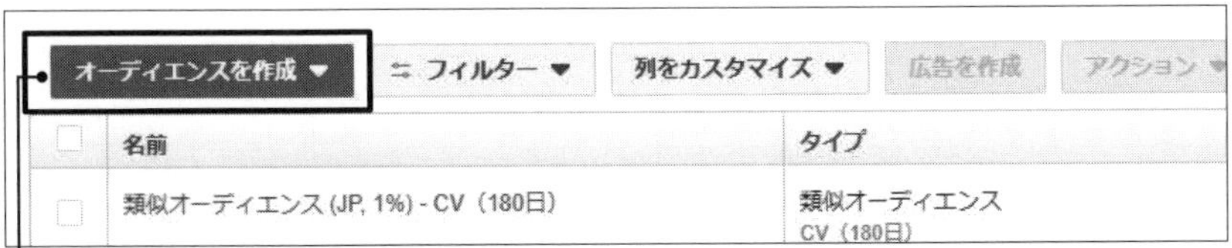

①「オーディエンス」に移動し、「オーディエンスを作成」をクリックします。

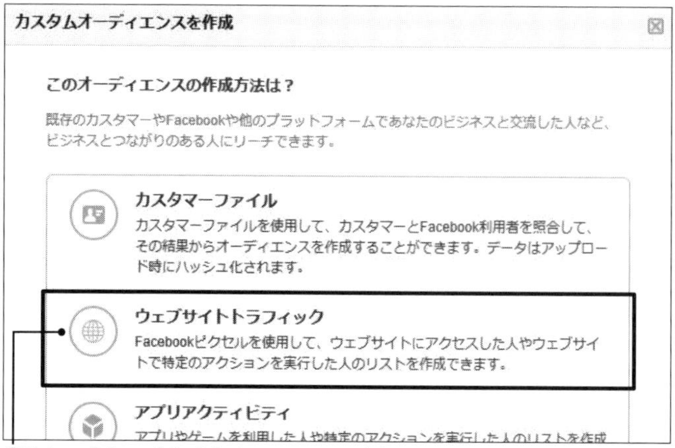

②次に、「ウェブサイトトラフィック」をクリックします。

③次に、過去何日分のユーザーをリマケするのかと、このオーディエンスの名前を決めます。商材やサービスにもよりますが、基本的に30日間がおすすめです。オーディエンス名は「リマケ_30日」のように、あとからわかりやすい名前を設定しましょう。

④あとは、「オーディエンスを作成」をクリックすることで、リマケユーザーのカスタムオーディエンスの完成です。

□ CV(コンバージョン)ユーザーの作成方法

CVユーザーの作成は、リマケユーザーの作成とほぼ同じですが、若干変更する必要があります。

①リマケユーザーと同様に「オーディエンスを作成」→「ウェブサイトトラフィック」をクリックすると、オーディエンスを作成の画面が表示されます。

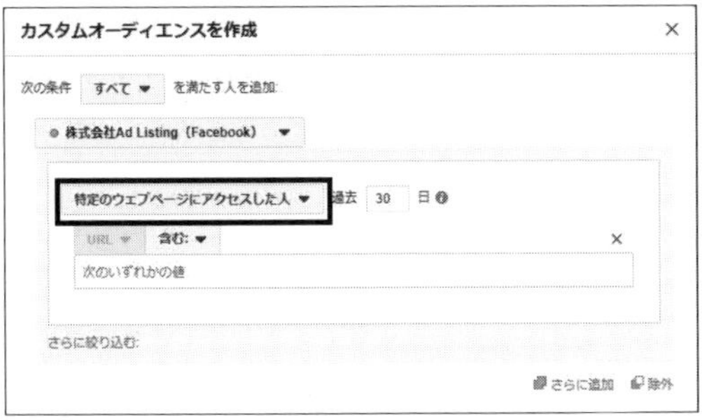

②次に、「ウェブサイトにアクセスするすべての人」を「特定のウェブページにアクセスした人」に変更します。

③次に、「URLが次を含む」を「URLが同じ」に変更し、コンバージョンポイント(サンクスページ)のURLを記載します。このオーディエンスも期間と名前を設定する必要がありますが、リマケと同じ要領で問題ありません。設定したあとに、「オーディエンスを作成」をクリックします。これで、CVユーザーのカスタムオーディエンスの完成です。

CHAPTER_6

03 類似オーディエンスの作成方法

前節で作成したカスタムオーディエンスを活用した
「類似オーディエンス」の作成方法を説明します。
類似オーディエンスとは、既存の顧客リストや
自社サービスに興味のあるユーザーとFacebook上で
似たような行動を取っているユーザーを指します。

同じような趣味・趣向を持つユーザーを配信対象にできる

例えば、自社が保有しているリストのユーザーがスポーツ好きで、スポーツ系の広告に「いいね！」をよく押しているのであれば、同じようにスポーツ系の投稿に「いいね！」を押しているユーザーが類似オーディエンスとなります（実際はもっと複雑な仕組みになっていますが）。

自社サービスを購入したユーザーや見込み客と同じような趣味・趣向を持つユーザーを配信対象にできるので、非常に効果の高いターゲット（セグメント）になります。

類似オーディエンスの作成方法

カスタムオーディエンスとは違い、類似オーディエンスの作り方は共通しているため、今回は「リマーケティングリスト」の類似ユーザーを作成していきます。

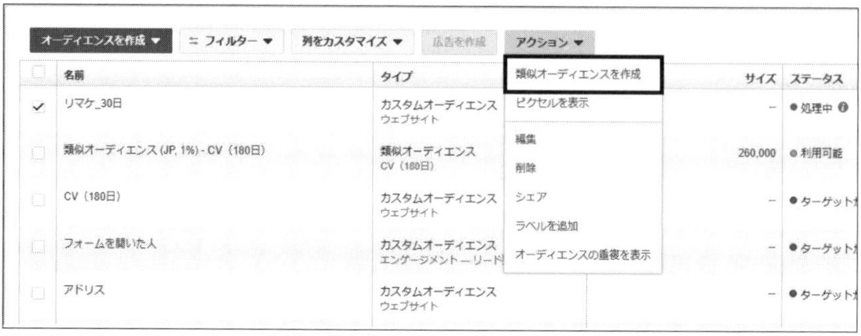

①広告マネージャに入り、左上の「広告マネージャ」から「すべてのツール」→「オーディエンス」と開いていきます。類似オーディエンスの基となるカスタムオーディエンスの左にあるボックスにチェックを入れます。そして、上部にある「アクション」の中の「類似オーディエンスを作成」を選択します。

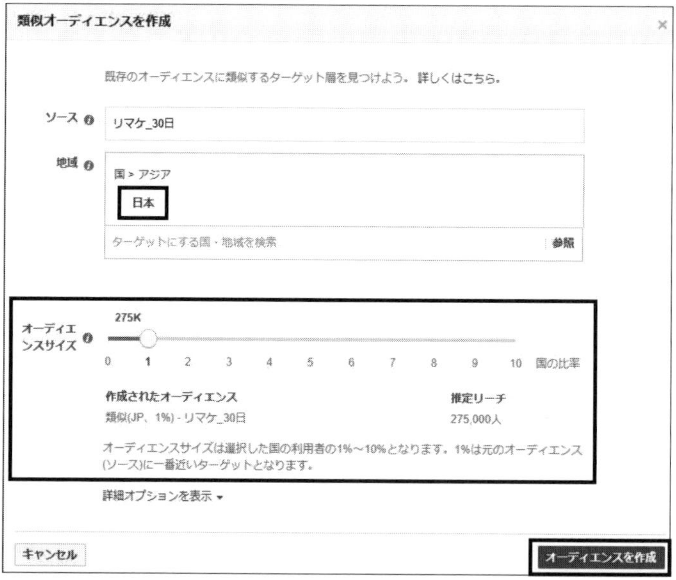

②「類似オーディエンスを作成」という画面が表示されるので、次に地域を設定します。ここでは「日本」を選択（入力）します。次に、オーディエンスのサイズを設定します。1〜10％までのサイズを選択できるようになっています。1％にするとカスタムオーディエンスと近い属性（濃い属性）になり、潜在リーチ数は約28万になります。逆に10%に設定すると、遠い属性（薄い属性）になってしまいますが、280万人の推定リーチ数になります（国内ユーザー約2800万人の１％なので約28万人というリーチ数になります）。

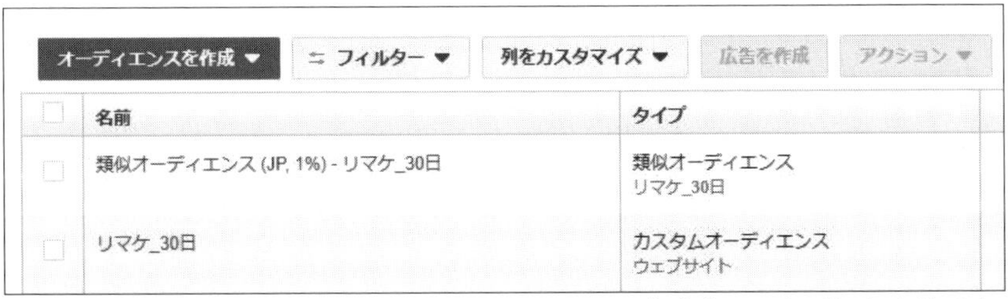

③今回は１％で作成しましたが、１％もしくは２％で作成することがほとんどです。「オーディエンスを作成」をクリックすると、類似オーディエンスが完成します。

□ 常に新鮮なオーディエンスに広告が配信される

ここで作成した類似オーディエンスですが、Facebookのアルゴリズムで一定期間が経過すると自動で類似リストが入れ替わっていきます。この期間は３日〜１週間といわれており、常に新鮮なオーディエンスに広告が配信されるわけです。

CHAPTER_6

04 作成したオーディエンスの設定方法

カスタムオーディエンスを作成したら、
配信ターゲットに設定して広告を配信しましょう。

□ オーディエンスの設定方法

オーディエンスを作成できても、実際に広告ターゲットに設定しなければ配信されないので、注意しましょう。

次に配信ターゲットとして設定する方法について説明します。

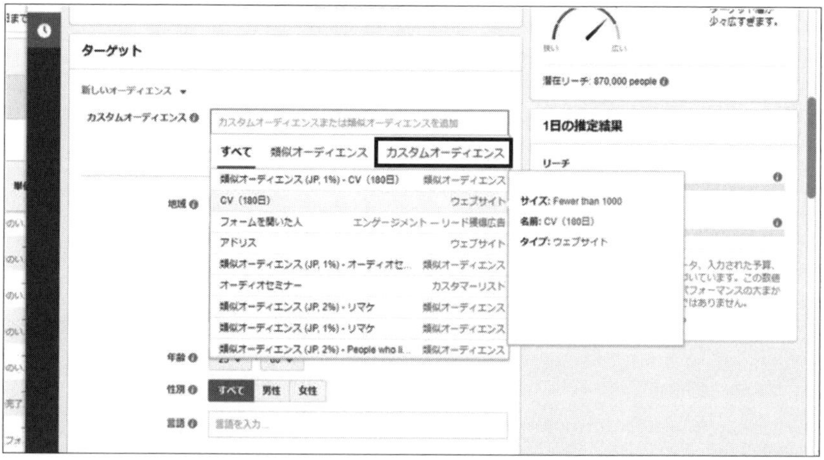

①広告マネージャに戻り、広告セットの編集画面を開きます。オーディエンス設定部分で「カスタムオーディエンス」をクリックします。

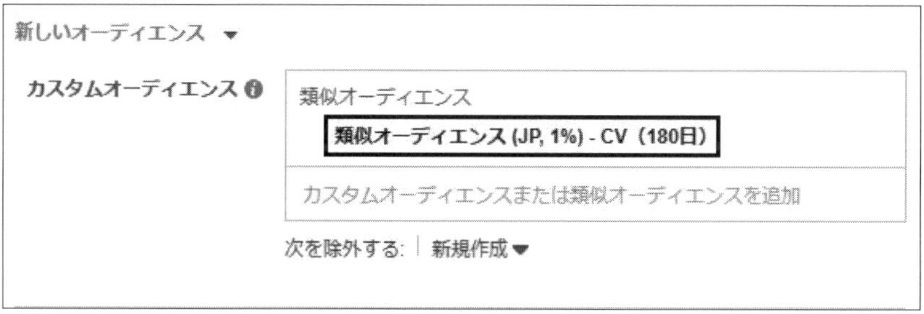

②すると、作成したカスタムオーディエンスや類似オーディエンスが表示されるので、ターゲットとして設定したいオーディエンスを選択します。

これでオーディエンスの設定は完了です。複数のオーディエンスをかけ合わせることもできますし、セグメント設定時と同じように年齢や性別などのデータを指定することもできます。ここは想定リーチ数を選択しながら、適切に設定していきましょう。

以上、カスタムオーディエンスと類似オーディエンスの配信方法を紹介しました。少しだけ応用的な内容になっていますが、成果が出ている事例は多くあります。CHAPTER_9（153ページ〜）では、この2つの配信方法を使った事例も紹介しているので、ぜひ参考にしてみてください。

CHAPTER_ 7

特殊な広告の入稿方法

本書では、これまで紹介してきた以外の広告を
作成する方法を紹介していきます。
ここでは「リード広告」「イベント広告」「クーポン広告」の
3種類を紹介します。これらはすべての場合に
使用できるわけではありませんが、
目的に合った使い方をすることで効果を発揮します。

CHAPTER_7

01 リード広告

リード広告はメールアドレスなどの顧客情報を
取得したい場合に有効です。

リード広告の作成方法

リード広告は通常のフォームと違い、Facebook上に登録されている情報が自動入力されるため、ユーザーの手間を軽減することができます。また、外部サイトにリンクすることなく、サービス情報を簡潔にユーザーに伝えることができるため、離脱のリスクを下げる効果もあります。

それでは、リード広告の作成方法について説明します。

①はじめにキャンペーンを作成します。目的の部分で、「リード獲得」を選択しましょう。キャンペーンができたら、広告セットを編集します。

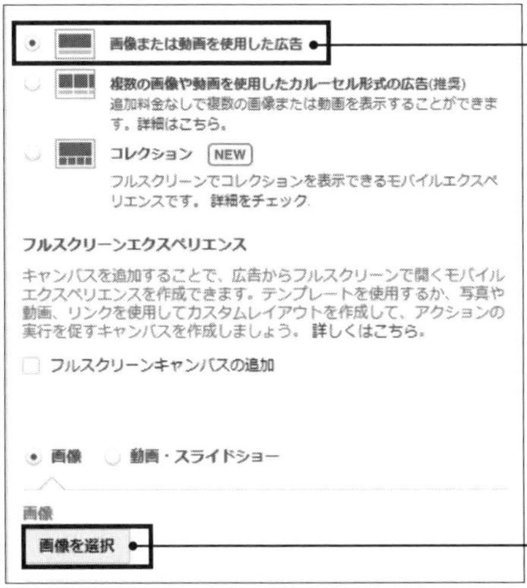

②次に広告を作成します。「画像または動画を使用した広告」を選択し、「画像を選択」から、画像を設定します。テキスト、見出し、説明文、アクションの設定を行ないます。

③「リード獲得フォームを作成」をクリックします。

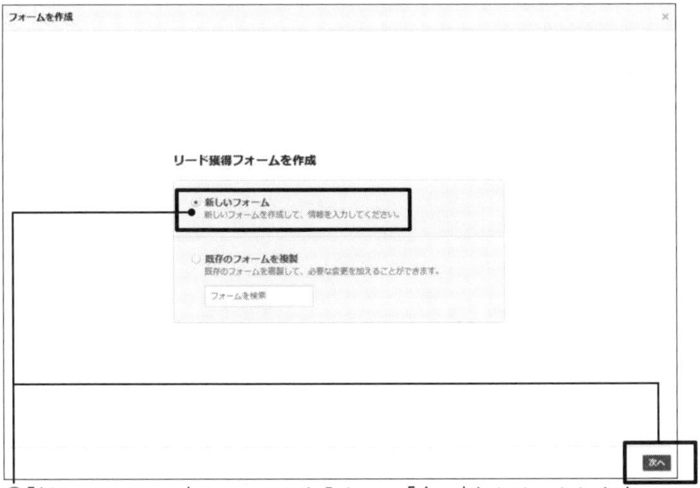

④「新しいフォーム」にチェックを入れて、「次へ」をクリックします。

⑤次に「ウェルカムページ」の作成を行ないます。ウェルカムページとは、リード広告をクリックした際に表示されるトップページのようなもので、ここにサービスのタイトルや概要を入力します。これによりユーザー理解を深めることができます。

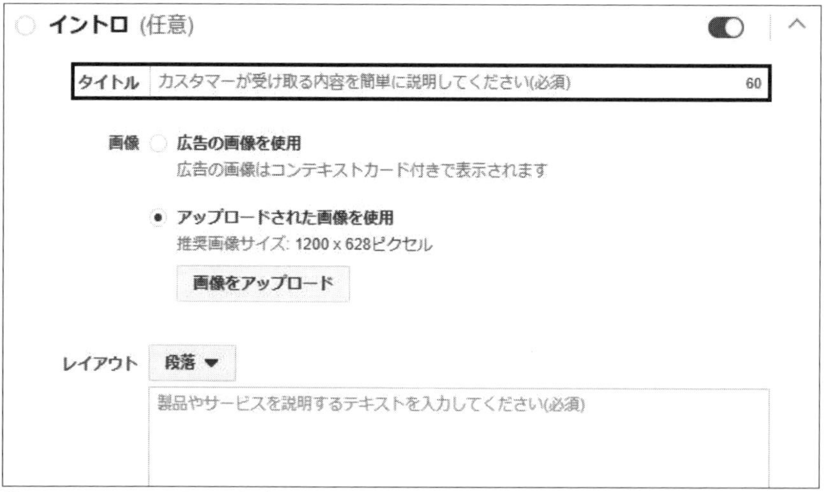

⑥イントロという項目は任意となっていますが、基本的に入力を行なうようにしましょう。まずタイトルを入力します。最大60文字まで入力できますが、簡潔にしたほうが見やすいです。

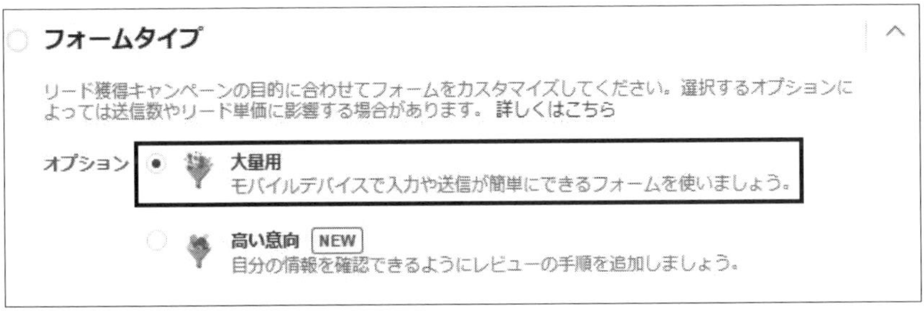

⑦フォームタイプは基本的に大量用を選択します。

⑧次に質問の内容を設定します。ここは「最低限」の項目を設定しましょう。ユーザーのアドレス取得が目的であれば「メールアドレス」と「指名」を選択します。オプションでその他の項目も選ぶことができますが、項目が多過ぎると、ユーザーの離脱率が上がります。また、選択肢の項目以外でも「カスタム質問」を設定できます。例えばセミナー集客の場合は、参加希望日時の選択肢を設定することもあります。

⑨次に画像のアップロードです。広告の画像をそのまま使用することもできますし、別にフォーム用の画像を設定することもできます。用意する場合は1200×628ピクセルサイズの画像を用意しましょう。

⑩画像のアップロードが完了したら、テキストとレイアウトの設定です。「段落」と「箇条書き」が選択できるので、使いやすいほうを選びましょう。ここでは広告に記載し切れない、詳細などの情報を入力します。

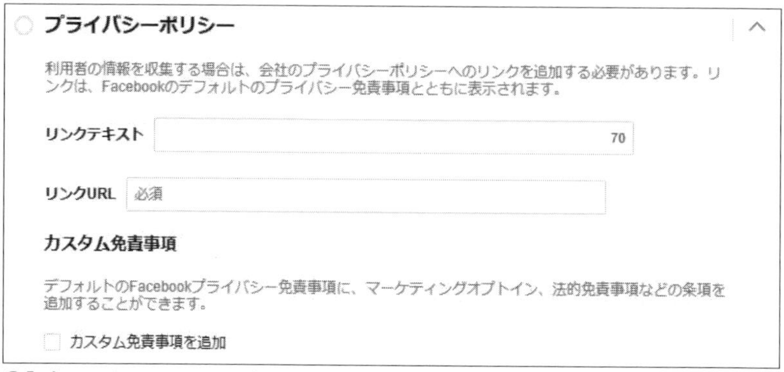

⑪「プライバシーポリシー」は企業ページなどにあるプライバシーポリシー（免責事項）のリンクURLを設定します。

⑫最後に、感謝スクリーンの設定です。フォーム送信後に表示されるサンクスページのようなイメージです。ここからウェブサイトへリンクさせることができるので、アクションボタンとリンク先を設定しましょう。

⑬最後に「完了」をクリックすると、フォームの作成は完了です。広告を公開するとリード広告を配信することができます。

CHAPTER_7

02 イベント広告

イベント広告はイベントの告知を行ないながら、
ユーザーに参加を促すことができます。

イベント広告の作成方法

イベント広告は、Facebookページで作成したイベントを多くのユーザーに宣伝したいときに使用します。広告作成の前にイベント作成を行なう必要がありますが、広告の設定は簡単です。

①キャンペーンの目的設定で「エンゲージメント」→「イベントの参加を増やす」を選択します。

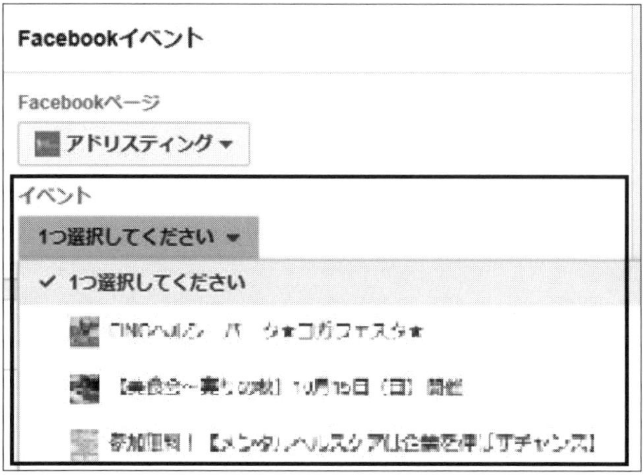

②イベント一覧から、宣伝したいイベントを選択します。

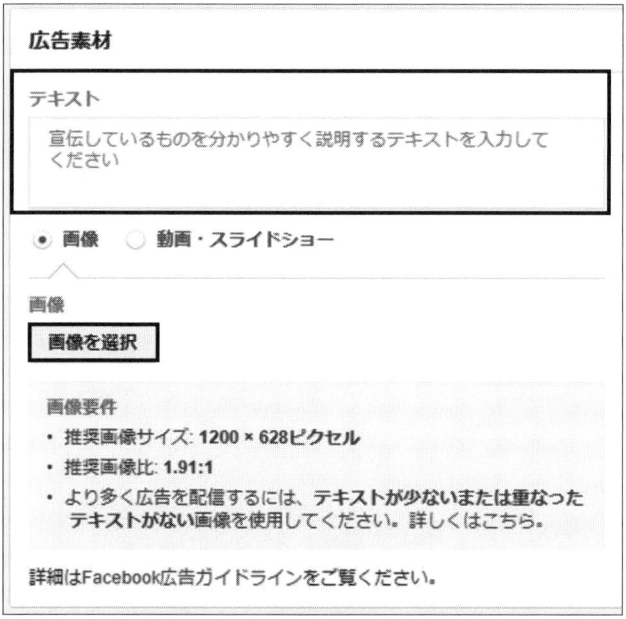

③あとはテキストを入力し、画像を選びます。画像を設定しなかった場合は、イベントに設定した画像が表示されます。これでイベント広告の設定は完了です。

CHAPTER_7

03 クーポン広告

「クーポン広告」は、ユーザーがFacebook上でお店やサービスのクーポンをダウンロードできるようになっています。
ただ、理解しておかなければいけないのは
「クーポンのダウンロード数＝来店者数」にはならないということです。あくまでお店の認知拡大の手法として使うものになります。

クーポン広告の作成方法

ここからは、クーポン広告の作成方法を紹介していきます。

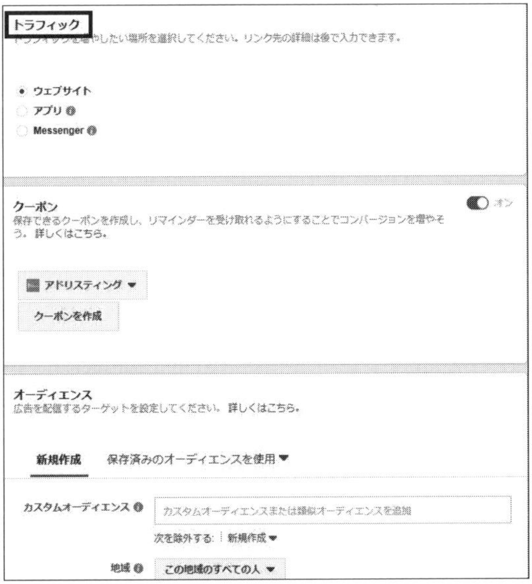

①まずキャンペーン作成で「トラフィック」を選択して、「次へ」をクリックします。

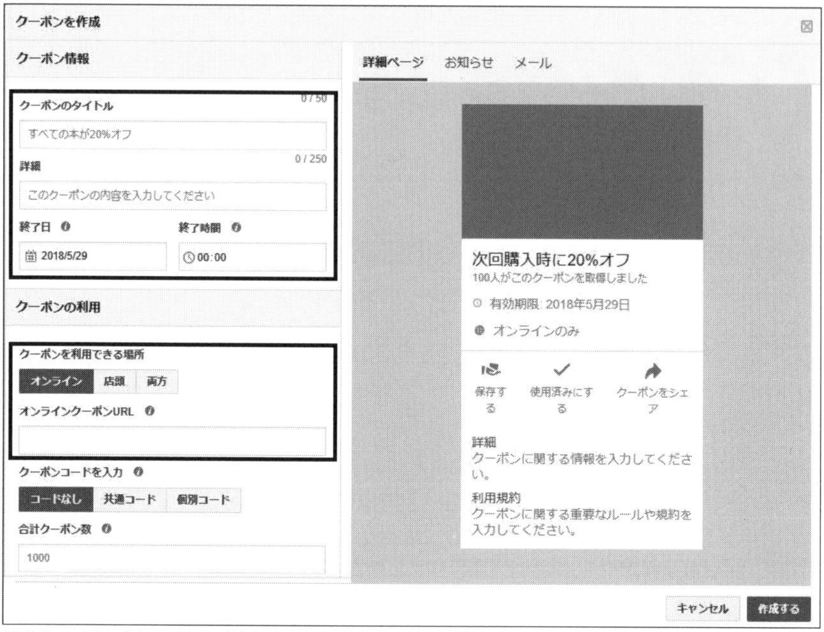

②「クーポン」という入力欄が表示されるので、「オフ」になっているボタンをクリックして「オン」にします。すると図のようなタブが開くので、Facebookページを選択し、「クーポンの作成」をクリックします。

③設定画面が表示されるのでクーポンのタイトルや内容を入力します。ここでクーポンの有効期限も設定できるので、必要であれば入力しましょう。

④「オンライン」「店頭」もしくは「両方」からクーポンを利用できる場所を選択します。ECサイトなどに利用する場合は、有効なURLも入力しましょう。

⑤クーポン数の上限を設定することもできるので、こちらも必要な場合は入力してください。

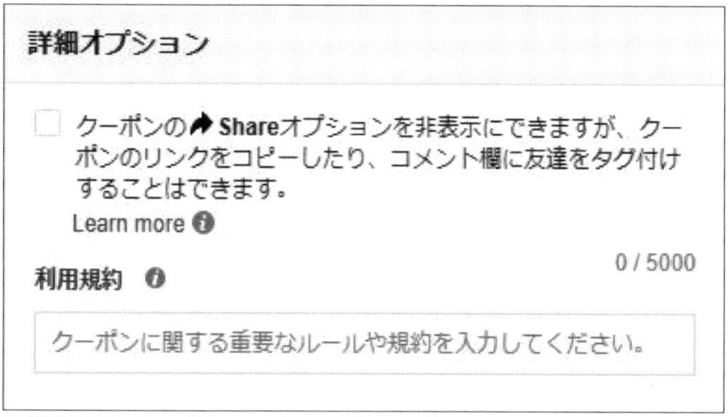

詳細オプション
クーポンの Shareオプションを非表示にできますが、クーポンのリンクをコピーしたり、コメント欄に友達をタグ付けすることはできます。
Learn more
利用規約
0 / 5000
クーポンに関する重要なルールや規約を入力してください。

⑥設定画面下部の「詳細オプション」では、任意でクーポンのシェアを非表示にしたり利用規約（クーポンのルール）を設定できます。
以上でクーポンの作成は完了です。

⑦あとは通常の広告作成と同じようにクリエイティブを設定していきます。クーポンであるということがわかるタイトルや内容を設定しましょう。

例 Facebook限定クーポン！〇月〇日まで全商品５％オフ！

以上、特殊な広告の入稿方法でした。

意外にもこれらの広告を配信している企業は少ないので、思わぬ効果が生まれるかもしれません。配信してみる価値は十分にあるので、機会があればぜひ試してみてください。

CHAPTER_8

集客アップにつながる配信結果の分析方法

ここまでFacebookの基礎から配信方法まで
紹介してきましたが、最後に配信結果を
どのように分析していくべきかについて説明します。
Facebook広告を配信しても、
必ずしもよい結果が出るとは限りません。
思ったような成果が得られないこともありますし、
ときにはまったくコンバージョンが出ない
可能性もゼロではありません。
しかし、「やっぱりFacebook広告は効果がなかったな……」と
あきらめてしまう前に、もう一度自社の広告に
ちょっと変化を加えるだけで、
成果が改善していくケースもたくさんあります。

CHAPTER_8

01 配信結果でチェックするべき項目

カスタムオーディエンスを作成したら、
配信ターゲットに設定して広告を配信しましょう。
まずは配信結果のどの部分を見るべきかを抑えましょう。

☐ 見るべき指標とは？

見るべき指標（項目）は、配信内容によってさまざまですが、私たちがよく指標としてみる項目は次のようなものです。

- **リーチ**
- **インプレッション数**
- **リンクのクリック**

※「クリック（すべて）」の場合、「いいね！」「シェア」「プロフィールボタン」など、広告内のすべてのクリックの数になってしまうため、正確な「広告をクリックして、サイトを訪れた数」にはなりません。サイトに訪れた数を正確に把握するためには「リンクのクリック」で数値を確認します。

- **CTR（リンククリックスルー率）**
- **CPC（リンククリックの単価）**
- **ウェブサイトコンバージョン**
- **ウェブサイトコンバージョンの単価**

・消化金額

最低限、これらの項目を確認しておけば基本的には大丈夫です。デフォルトの状態だと、これらの項目が表示されていない場合があるため、CHAPTER_５で紹介した「列のカスタマイズ方法」（101ページ参照）の手順で表示させましょう。

それぞれの項目について、概要を説明していきます。

・リーチ

広告が表示された人数を示します。インプレッション数とは異なるため注意が必要です。１人のユーザーに２回以上広告が表示された場合でもリーチ数は「１」となります。

・インプレッション数

広告が表示された回数です。１人のユーザーに２回表示された場合、インプレッション数は「２」となります。（この場合リーチ数は「１」です）。

・リンクのクリック

広告がクリックされてリンク先にユーザーが遷移した回数です。これが「クリック（すべて）」の場合は、「いいね！」や「Facebookページへのリンク」など、広告内のいずれかの部分がクリックされた回数となります。リンク先への流入数を把握するために「リンクのクリック」をクリック数とします。

・CTR（リンククリックスルー率）

広告がクリックされた割合です。「クリック数÷インプレッション数」で算出されます。CTRが１％未満だと、クリエイティブの変更を検討したほうがいいでしょう。

・CPC（リンククリックの単価）

１クリックにかかる費用です。「消化金額÷クリック数」で算出されます。CP課金（表示課金）の場合、クリックされるほどCPCは安くなります。

・ウェブサイトコンバージョン

広告の成果数になります。リンク先に貼られているCVタグが計測する数値が反映されます。

・ウェブサイトコンバージョンの単価

１コンバージョンあたりにかかった費用です。「消化金額÷コンバージョン数」で算出されます。

・消化金額

その名の通り、使用した広告費のことです。

もちろん、表示可能な項目はこれだけではないので他の項目も分析しますが、まずはこれらの変化をよく見るようにしましょう。

広告セット別や広告別にA/Bテストで成果を比較するときに、コンバージョン数やCTRで判断することが多いので、ある程度配信を続けて数値に差がついたら、成果の悪い広告は新しいクリエイティブに入れ替えるといいでしょう。

CHAPTER_8

02 改善のための分析ポイントとは？

広告の成果を改善するためには、結果の分析が必須です。
管理画面で配信結果を見るだけでは見落としてしまう
部分も多く出てきてしまうため、さまざまな角度から
アカウントを見ていくようにしましょう。

広告の関連度スコアとは何か？

関連度スコアとは、広告ごとに表示される、１～10の数字です。広告編集画面で、「列をカスタマイズ」の項目から「関連度スコア」を選択すると確認することができます

これは、広告とターゲットとの関連度をあらわしたもので、肯定的な反応が多い広告は数字が大きくなり、否定的な反応が多い広告は数字が小さくなります。つまり、数字が大きいほど広告の品質はいいものとなります。

関連度スコアが低いと配信が制限されてしまうなど、数値にも影響してくることがあります。

関連度スコアの数値を上げる方法

関連度スコアの数値を上げるには、いくつかの方法があります。関連度スコアが低い場合には、次の４つの項目を見直してみましょう。

①ターゲットを絞り込む

ターゲット別に広告セットを分けている場合、広告セット別の成果でターゲットの良し悪しが判断できます。「20代女性」と「40代女性」に広告セットを分けて配信したときに「20代女性」のほうの成果がよければ、「20代女性」にターゲットを絞るということが考えられます。

また、数値の内訳で「年齢」や「性別」などのデータを見ることにより、世代や性別ごとの成果を確認することができるので、こういった数値も参考にしてみましょう。

②クリエイティブを見直す

主にクリック率が低下してきた場合などに、クリエイティブを見直す必要があります。ユーザーは同じ広告を何度も見ると、クリックをしなくなるどころか「広告を非表示」にすることもあります。クリック率が下がるだけでなく、広告が非表示にされると関連度スコアにも影響してしまいます。

そのため、クリック率が落ちてきたと思ったら、新規のバナーを追加、もしくは訴求を変えた広告を作成することをおすすめします。

③適切な配信先に配信する

数値の内訳で「配置」や「デバイス」別の数値を見ることで、成果の出やすい配信先を分析することができます。FacebookとInstagramの両方に同じ広告セットで広告を配信している場合は、「配置」を確認することでそれぞれの成果を見ることができます。

著しく成果の悪い配信先があれば、配信先を精査することで関連度スコアが改善することがあります。

④リンク先と広告の内容を見直す

広告内容とリンク先のページ内容の親和性が高いかどうかも、関連度スコアには影響してきます。広告とまったく異なるページ内容の場合、ユーザーがコンバージョンする可能性は低くなることが考えられるため、関連度スコアは低くなります。

もう一度、自社の広告が適切かどうか確認してみましょう。

CTRを改善する

クリック率を改善するには、現状の状態を分析していかなければなりません。ターゲットやクリエイティブを見直す必要があります。

A/Bテストの結果に対して、どこをどう改善したらいいのかを考えます。

CVRの改善方法とは?

コンバージョン率の改善方法は、A/Bテストが効果的です。訴求点の変えた広告文を２つ用意して配信したり、バナーを２つ用意して配信したりすると、比較ができます。何回もA/Bテストを繰り返して、ターゲットの反応のいいクリエイティブを目指すことが大切です。

フリークエンシーの最適化

フリークエンシーとは、ユーザー１人の平均表示回数を表します。

フリークエンシーが２だった場合、１人のユーザーに２回同じ広告が配信されているということになります。同じユーザーに何度も同じ広告を表示してしまうと、ユーザーから飽きられてしまい、マイナスなイメージを与えてしまうことで、クリック率が下がってしまう可能性があります。これを最適化するには、定期的なバナーの変更が必須です。

Facebook広告では、まずバナーがユーザーの目に入るパターンが多く、バナーに興味を持ったユーザーが広告文に目を通しやすいという傾向があります。インパクトがあって、流し読みでもユーザーの興味をひけるようなバナーを使用するようにしましょう。

広告が配信されない場合の対策方法

Facebook広告はバナーの文字数が多いと配信が止まってしまうことがあります。

テキスト量が全体の20%以上になると配信されない可能性があるようです(92ページ参照)。テキストが少なければ少ないほど配信されるので、なるべく減らしましょう。

テキスト量が20%以下にもかかわらず配信されないと、このような表示が出てきます。

そのほかにも、予算が少なすぎたり、短期間の間に複数回広告を編集したり、フリークエンシーの数値が高かったり、関連度スコアが低かったりすると配信量が落ちてしまうようです。

CHAPTER_8

03 成果が出ないときの広告運用の考え方

Facebook広告を運用していくなかで、しっかり配信されていて、
クリックも集めることができているのにコンバージョンが
思うように出ない、といったことが起こるかもしれません。
そういったときにクリエイティブやターゲットを変更することで
成果が改善することがあると説明してきましたが、
それでも変わらないときはどうしたらいいのでしょう?

□ サイト内のユーザーの動きや傾向を分析する

成果が出ない場合、リンク先のサイトやランディングページを一度見直してみるといいかもしれません。せっかくユーザーをひきつける広告を作成しても、ページを訪れてくれたユーザーが離脱してばかりではコンバージョン(利益につながるアクション)が増えません。サイト内でのユーザーの動きやどういったユーザーが流入しているのかを分析して、広告改善に活かしていく必要があります。

基本的に広告をクリックしてからコンバージョンに至るまでに、ユーザーはサイト内のコンテンツを閲覧して情報を確認したり、商品のメリットについて考えたりします。そこで「この商品は自分に必要だ!」となったユーザーが購入・登録フォームに個人情報を入力してコンバージョンに至るわけです。当然、それぞれの過程でユーザーが離脱していくのですが、離脱していくユーザーを極力減らしていくことで、コンバージョン率はアッ

プします。

集客からコンバージョンまでの流れ

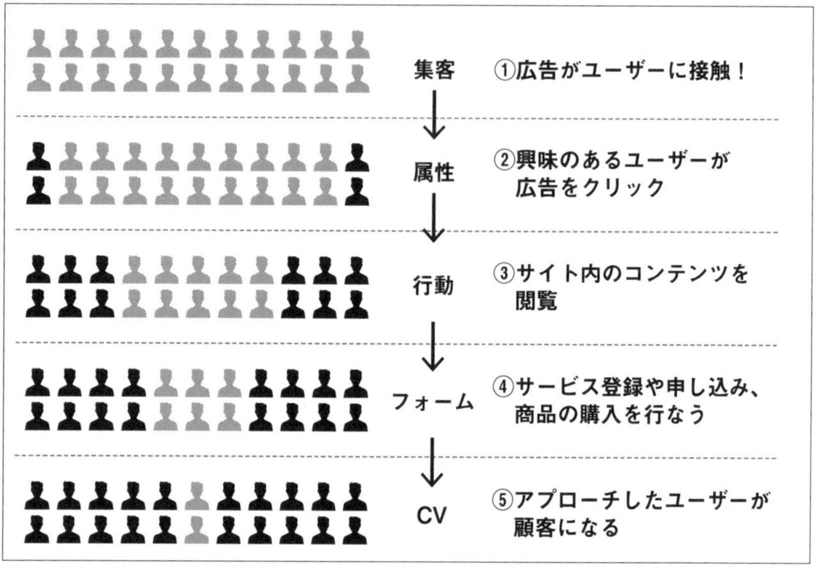
集客
①広告がユーザーに接触！
属性
②興味のあるユーザーが広告をクリック
行動
③サイト内のコンテンツを閲覧
フォーム
④サービス登録や申し込み、商品の購入を行なう
CV
⑤アプローチしたユーザーが顧客になる

コンバージョンまでの流れを一貫して考え、最終的に成果が上がるよう運用をしていきます。

そのため広告に力を入れることはもちろんですが、コンバージョンまでの流れを一貫して考え、最終的に成果が上がるよう運用をしていきましょう。

CHAPTER_ 9

業種別に紹介！ Facebook広告 成功事例集

本章では、弊社の過去の事例の中から、
Facebook広告を配信することによって
集客に成功したものを紹介していきます。
幅広い目的で活用されている
Facebook広告の効果をお伝えします。

事例 01　セミナー

◇商材

・自営業の方へ向けた経営セミナー（有料）の集客

・予算：30万円

・目標CPA：１万5000円

◇キャンペーン構成

キャンペーン目的を「コンバージョン」と「イベント」の２つで配信。

◇広告セット構成

整体・作業療法士などの業種関連と、リストを使用したカスタムオーディエンスの２つの広告セットでの配信。

◇広告の構成

バナーと広告文の２パターンずつの配信。バナーはセミナー風景のバナーと、講師の方がメインに写っているバナーを使用しました。

◇構成のねらい

今までにもセミナーの開催実績があり、過去の参加者のメールアドレスがあったので、そのリストに類似したユーザーへの配信を行なうことにしました。

また自営業の方向けのセミナーのため、整体・作業療法士などの業種関連の広告セットも作成します。

コンバージョン目的だけでなく、イベント目的の広告も配信を行ないました。理由としては、イベント目的はFacebook上で参加の意思を確認できます。そのため、配信目的でもA/Bテストを実施します。

◇結果

コンバージョン目的では、目標CPA１万5000円に対して、１件あたり１万700円ほどで獲得ができ、イベントの目的においては1100円ほどでイベントへの返答を獲得ができました。イベントへの返答とは、「参加予定」「興味あり」のことです。この事例の場合では、1100円の広告費でユーザーの返答を得ることができたことになります。

※イベント目的で獲得したユーザーは実際に参加しないことが多いので、参加率を見て、コンバージョン目的と成果を比較する必要があります。

キャンペーン名	結果	リーチ	インプレッシ…	単価	消化金額
コラボセミナー【CV】	22 登録の完了	22,084	57,632	¥10,673 登録の完了の単価	¥234,806/¥234,806
コラボセミナー【イベント】	10 イベントの返答	1,975	2,386	¥1,174 イベントの出欠…	¥11,742

事例
02 サロン

◇商材

・脱毛サロンの予約

・予算：30万円

・目標CPA：３万円

◇キャンペーン構成

キャンペーン目的を「コンバージョン」で配信。

◇広告セット構成

当初、興味関心とリマケの広告セットで配信を行ない、後にカスタムオーディエンス（リマケ類似）を追加。

◇広告の構成

バナーと広告文の２パターンずつの配信。全身脱毛を訴求するものと、人気部位に特価して訴求したバナーを使用しました。

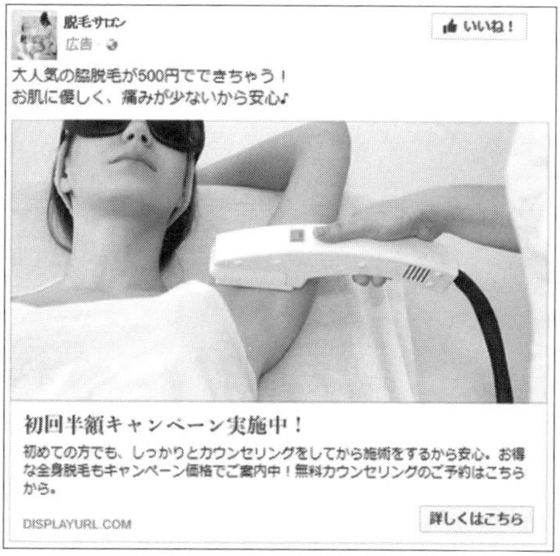

◇構成のねらい

脱毛に興味関心がある方、美容に興味関心がある方などの興味関心のセグメントで配信を行ない、リマケで刈り取りを行ないました。また、リマケで成果が出ていたので、カスタムオーディエンス（リマケの類似ユーザー）の配信も追加し、配信を強化します。

今回の店舗が１店舗だったため、店舗から半径５キロのエリアに配信することで、効果的な配信ができるように設定しました。

◇結果

リマケで最も安く獲得ができ、全体でCPAが１万2000円ほどとなり、目標のCPAよりも3000円ほど安く獲得できました。

広告セット名	結果	リーチ	インプレッション数	単価	予算	消化金額
半径5キロ_22-45女性_美容関連	3 登録の完了	12,488	15,658	¥13,501 登録の完了の単価	¥2,500 1日	¥40,502
半径5キロ_22-45女性_リマケ	5 登録の完了	697	6,736	¥5,733 登録の完了の単価	¥5,000 1日	¥28,664
半径5キロ_22-45女性_脱毛関連	— 登録の完了	3,382	4,455	— 登録の完了の単価	¥2,000 1日	¥14,377
半径5キロ_22-45女性_エステ関連	— 登録の完了	4,341	5,221	— 登録の完了の単価	¥2,000 1日	¥13,583
半径5キロ_22-45女性_リマケ類似	1 登録の完了	3,587	4,438	¥11,747 登録の完了の単価	¥1,500 1日	¥11,747

事例 03 スクール

◇商材

・英会話スクールの体験予約

・予算：30万円

・目標CPA：１万2000〜１万5000円

◇キャンペーン構成

キャンペーン目的を「コンバージョン」で配信。

◇広告セット構成

当初、興味関心とリマケの広告セットで配信を行ないました。

◇広告の構成

複数のバナーと広告文の中から、２パターンをかけ合わせて配信。また動画やカルーセル広告も追加して配信しました。

◇構成のねらい

スクールをよりイメージしやすくするため、通常のバナーに加えて、カルーセル広告、動画広告を使用しました。

◇結果

配信当初はCPAが３万円を超えていましたが、結果として全体で１万5800円ほどとなり、目標には達しませんでしたが、CPAが改善できました。

特に動画広告での獲得ができ、１枚のバナーだけでは伝え切れなかったスクールの魅力を伝えることができたと思われます。

広告セット名	結果	リーチ	インプレッション数	単価	予算	消化金額
英語（ビジネス関連）	7 登録の完了	88,632	150,343	¥22,767 登録の完了の単価	¥3,000 1日	¥159,366
リマケ	13 登録の完了	10,119	108,511	¥12,052 登録の完了の単価	¥5,000 1日	¥156,679

広告の名前	結果	リーチ	インプレッション数	単価	消化金額
カルーセル広告	4 登録の完了	8,452	30,204	¥10,583 登録の完了の単価	¥42,330
バナー広告	2 登録の完了	7,662	23,020	¥15,875 登録の完了の単価	¥31,750
	— 登録の完了	16,251	19,586	— 登録の完了の単価	¥23,688
カルーセル広告	— 登録の完了	16,455	18,772	— 登録の完了の単価	¥17,909
動画広告	7 登録の完了	76,328	111,985	¥16,824 登録の完了の単価	¥117,769
	7 登録の完了	8,916	55,287	¥11,800 登録の完了の単価	¥82,599

事例 04 ECサイト（サプリ）

◇商材

・サプリの定期購入

・予算：10万円

・目標CPA：１万8000〜２万円

◇キャンペーン構成

キャンペーン目的を「コンバージョン」で配信。

◇広告セット構成

興味関心のセグメント、リマケと購入者のリストを使用したカスタムオーディエンスでの配信。

◇広告の構成

バナーと広告文の２パターンずつの配信。栄養をたくさん補給できることをイメージさせるために食材が写っているバナーと、人が栄養を補給しているバナーを使用しました。

◇構成のねらい

サプリを購入した方のリストを多数持っていたため、類似オーディエンス（リスト類似）を中心に配信を行ない、リマケでの刈り取りを行ないました。

また、サプリはリマケでの獲得が中心となることが多く、リマケリストをためるために、安くクリックを集める必要があります。そこで、興味関心のセグメントでも配信をしていきます。

◇結果

リマケとリスト類似、興味関心のセグメントそれぞれで獲得できました。全体でCPAが１万8000円ほどとなり、目標CPA内で実施ができたのは大きかったです。

広告セット名	結果	リーチ	インプレッション数	単価	予算	消化金額
リスト類似	2 登録の完了	6,380	8,861	¥18,551 登録の完了の単価	¥10,000 1日	¥37,101
ダイエット	1 登録の完了	5,685	7,451	¥23,364 登録の完了の単価	¥10,000 1日	¥23,364
リマーケティング	2 登録の完了	5,321	7,220	¥10,102 登録の完了の単価	¥3,000 1日	¥20,203
リマケ類似	— 登録の完了	1,729	2,172	— 登録の完了の単価	¥3,000 1日	¥11,911

事例
05 B to Bセミナー（リード獲得）

◇商材
・セミナー・コンサルの参加者を集めるために、メールアドレスの取得
・予算：30万円
・目標CPA：2000円

◇キャンペーン構成
キャンペーン目的を「リード獲得」で配信。

◇広告セット構成
以前にセミナーの集客をコンバージョン目的で配信していたため、そのときに獲得したユーザーの類似オーディエンス、役職（社長、経営者など）をターゲティングした配信、リマケでの配信を行ないました。

◇広告の構成
入力する項目を最小限にし、ユーザーの手間を省きました（会社名、名前、メールアドレスを入力するフォームを使用した広告の配信）。バナーはセミナーをイメージさせるものと、コンサルをしている風景のものを使

用。

◇構成のねらい

過去にCV目的で配信したときはCPAが２万円以上していたため、リード獲得広告に切り替えて配信を行ないました。理由は、リード獲得広告はメールアドレスを取得し、そこにメルマガを配信する手間はかかりますが、ハードルが低くメールアドレスを安価に獲得ができるので、結果としてセミナー参加、コンサルの相談の増加が見込めると考えたため。

◇結果

全体でCPAが1700円ほどで獲得でき、目的のCPAを達成できました。

広告セット名	結果	リーチ	インプレッション数	単価	予算	消化金額
リマケ180	140 リード(フォーム)	10,576	56,284	¥1,396 リード(フォーム)...	¥30,000 1日	¥195,424
リード獲得CV類似	37 リード(フォーム)	17,045	24,432	¥2,207 リード(フォーム)...	¥5,000 1日	¥81,664
ターゲティング_役職	22 リード(フォーム)	9,453	15,294	¥2,701 リード(フォーム)...	¥10,000 1日	¥59,425
過去セミナーCV類似	22 リード(フォーム)	12,519	16,308	¥2,374 リード(フォーム)...	¥5,000 1日	¥52,219

事例

06 アパレルEC

◇商材

・メンズアパレルサイトでの商品販売
・予算：100万円
・目標CPA：5000円

◇キャンペーン構成

キャンペーン目的を「コンバージョン」で配信。

◇広告セット構成

サイトに訪れたことがあるユーザー（リマケ）と既存ユーザーのリストを使用したカスタムオーディエンスの広告セットで配信。既存ユーザーのリストは購入した商品のジャンル別に作成を行ない、リストを複数作成しました。

◇広告の構成

製品カタログの作成ができなかったため、主力商品の画像をカルーセル広告で配信。

◇構成のねらい

一度サイトに訪れたことのあるユーザーや、既存リストの類似ユーザーに対して新商品・再入荷した商品の画像、人気の服を見せてアップセルを狙いました。

既存リストの類似ユーザーは、リストの種類ごとに見せる商品を変更して配信を行ない、より関連性の高い商品を見せるようにしました。

◇結果

コンバージョン目的では目標CPA 5000円に対して、1件あたり1991円ほどで獲得ができています。リマケ・リスト類似ともに配信量も多く、安定してCVの獲得ができています。

事例07 アプリインストール

◇商材

・無料ゲームのアプリ
・予算：15万円
・目標CPI：1000円

◇キャンペーン構成

キャンペーン目的を「アプリインストール」で配信。

◇広告セット構成

年齢のみを指定した広いセグメントとゲームに興味関心があるユーザーのセグメント、リストを活用した類似ユーザーへの３つで配信。

◇広告の構成

ゲームのプレイ動画を使用して配信。

◇構成のねらい

無料のゲームとなるため、幅広い層がダウンロードする可能性があると想定して、広いセグメントでの配信を行なうことで取りこぼしを減らし、ゲームに興味のあるユーザー、リスト類似ユーザーのピンポイントで配信を行ないました。

◇結果

目標CPA 1000円に対して、1件あたり497円ほどで獲得ができています。1セットのみ目標のCPAをオーバーしていますが、ピンポイントでのセグメントはリーチ数が伸びなく、予算の消化を行なうことができないため、CVの拡大を行なう目的で配信を継続しています。

広告セット名	結果	リーチ	インプレッション数	単価	予算	消化金額
[illegible]	46 モバイルアプリのインストール	13,899	36,420	¥1,299 登録の完了の単価	¥4,000 1日	¥59,758
[illegible]	80 モバイルアプリのインストール	23,152	40,356	¥562 登録の完了の単価	¥3,000 1日	¥44,966
[illegible]	175 モバイルアプリのインストール	20,989	43,990	¥257 登録の完了の単価	¥3,000 1日	¥44,923
広告セット3件の成果	301 モバイルアプリのインストール	57,509 人数	120,766 合計	¥497 登録の完了の単価		¥149,647 合計消化金額

事例 08　イベント集客

◇商材

- 百貨店のイベント集客
- 予算：30万円
- 目標KPI：５万リーチ

◇キャンペーン構成

キャンペーン目的を「イベントへの参加数を増やす」「トラフィック」で配信。

◇広告セット構成

百貨店への商圏での年齢・性別セグメントをして配信。

◇広告の構成

イベントのLPページがなかったため、Facebookページ上でイベントページ・キャンバス広告を活用して、イベント内容を告知。

◇構成のねらい

イベント広告はユーザーの興味（反応率）を調べることはできますが、構成が限られている関係で詳細を記載するのが難しかったため、キャンバス広告で簡易的なLPのようなものを作成して、認知拡大を行なっています。

◇結果

イベント目的でのキャンペーンでは、イベントへの返答32件、返答単価2118円と比較的高い傾向にありましたが、リーチ単価は安い単価で配信を行なうことができています。

キャンバス広告では、リンク先を公式のページにしていたため（イベントページがない）関連性が低く、リンク単価は通常の広告と比較すると、少し高い結果となっています。

管理画面だけを見ると、目標のリーチ数は達成できていますが、全体的に成果はあまりよくありません。しかし、実際のイベントでの売上は昨対比で145%となっています。

キャンペーン名	結果	リーチ	インプレッション数	単価	消化金額
[illegible]	130 リンクのクリック	10,078	14,277	¥291 リンククリック単価	¥37,818/¥75,609
[illegible]	415 リンクのクリック	33,502	54,992	¥373 リンククリック単価	¥154,773/¥154,773
[illegible]	24 リンクのクリック	5,271	7,142	¥817 リンククリック単価	¥19,618/¥19,618
[illegible]	32 イベントの返答	15,355	63,515	¥2,118 イベントの出欠確認の単価	¥67,791/¥67,791
キャンペーン4件の成果	—	59,628 人数	139,926 合計	—	¥280,000 合計消化金額

付録

知っておいて損はない！ 4つの便利ツール

Facebookは、実名登録が基本となっているからこそ、
Facebook広告も詳細なセグメントが設定でき、
本来配信したいユーザー層に的確に届けられる
というのが特徴の広告媒体です。
本書の最後に、実践で役立つ
「4つの便利ツール」を紹介します。
数あるSNS広告の中でも特に注目されている
Facebook広告を使い倒し、
自身のビジネスに活かしてください。

☐ 覚えておくと便利なツール機能

これまで紹介してきた「広告マネージャ」の仕組みを覚えておけば、基本的な広告運用は問題なく行なえるでしょう。そのため、Facebook広告の管理は、「普段は広告マネージャしか利用しない」という方も多いかもしれません。実は、ほかにも無料で使える便利なツールがたくさんあるのです。

今回は、そんな魅力的なFacebook広告の管理画面で利用できる便利なツールを４つ紹介していきます。

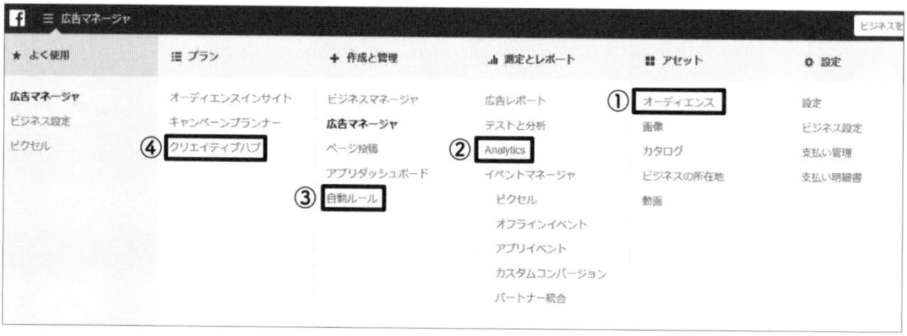

これから紹介するツールは次の通りです。

①オーディエンス
② Analytics
③自動ルール
④クリエイティブハブ

これらのツールを利用することによって、さらに配信効果の高い広告を配信できるようになります。ここから１つずつ説明していきます。

□ ①オーディエンス

まずはオーディエンスの紹介です。

オーディエンスでは、カスタムオーディエンス、類似オーディエンスなどの管理ができますが、そのオーディエンスのターゲット層の重複をチェックすることもできます。これは以前、「オーバーラップ」と呼ばれていた機能です。

ターゲット層が重複してしまうと、同じユーザーに複数回広告を配信してしまう恐れがあります。いくら自分の興味のある広告でも、同じものが何度も出てきたらうんざりします。そこで、こうしたケースを防ぐために、ターゲット層の重複を事前に確認しましょう。

ちなみにカスタムオーディエンスとは、企業が持っているFacebook外の顧客データ（メールアドレスや電話番号、ユーザIDなど）を使ってFacebookのアカウントと照合し、Facebook上で広告を配信できるものです。

カスタムオーディエンスを利用することによって、自分のホームページに訪れた見込み客に、Facebook上でピンポイントの広告を配信することができます。

類似オーディエンスとは、企業が持っている顧客データに似たユーザーに広告が配信できる機能です。これを利用することにより、潜在顧客を絞ってアプローチできます。

ではオーディエンスのターゲット層の重複の確認方法を説明します。

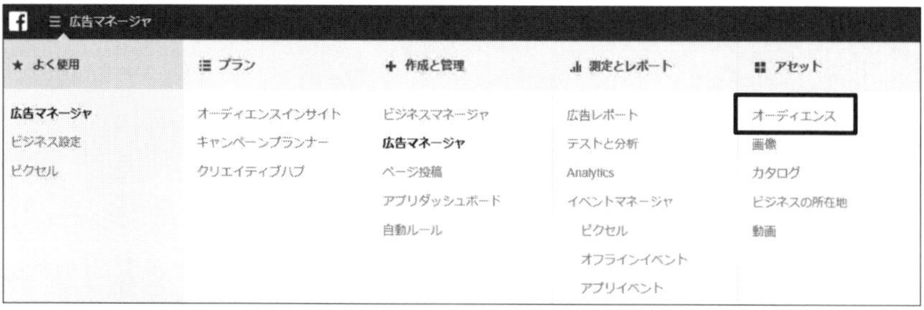

①まずはすべてのツールから、アセットのなかにある「オーディエンス」を選択します。

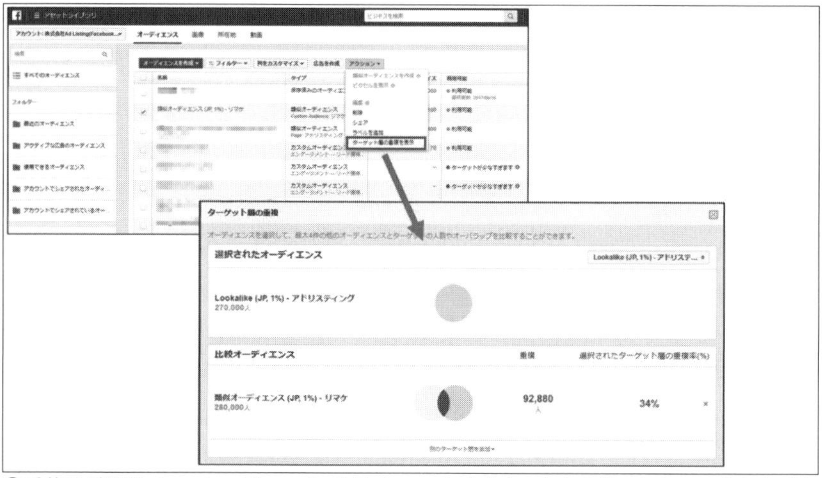

②重複を確認したいオーディエンスにチェックを入れ、右上の「アクション」のタブから、「ターゲット層の重複を表示」をクリックします。
出てきたウインドウに重複する人数と、重複率が表示されています。
この重複率が50%以上だと広告セットの配信効率が悪くなる場合があるといわれています。
これは、広告同士が競合してしまうためです。

今回の例では、弊社のFacebookページの「いいね！」をしているユーザーの類似とリマケの類似の重複率を見てみると、34%と表示されています。

理想では20%以下といわれていますが、34%くらいでしたら広告セットを分けて配信します。

ターゲット層の重複が多い場合（目安として重複率が50%以上となった場合）は、広告セットを分けずに一緒に配信することで、無駄な（重複した）

配信を防ぐことができます。

オーディエンスを複数使用して配信する際には、事前に重複率を確認してから設定することをおすすめします。

□ ②Analytics

アナリティクスとは、Facebookページを訪れたユーザーの年齢層や市町村、学歴などを把握できる解析ツールのことをいいます。

Googleアナリティクスを利用されている方は多いと思いますが、Facebookにもアナリティクスの機能があるのです。

ユーザーのデータを把握することで、あくまでも推測ですが、どのユーザー層に配信すれば効果的なのかを把握することができ、セグメントを考えるときに活かせるのです。Analyticsの見方を紹介します。

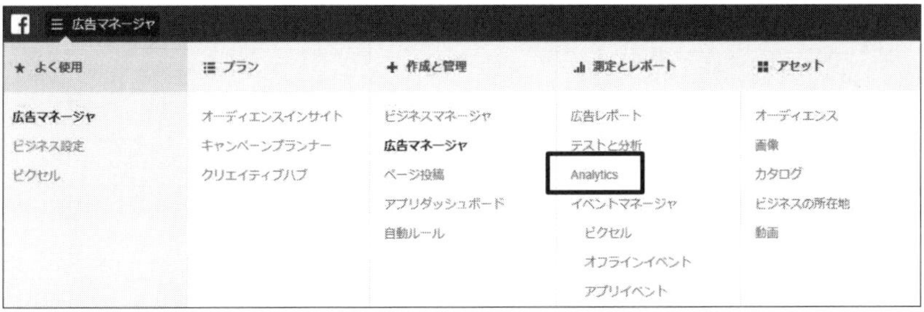

①すべてのツールのから測定とレポートの中の「Analytics」を選択します。

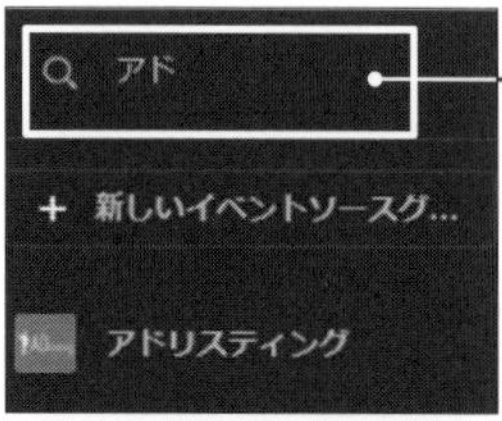

②左上の検索窓で、解析したいFacebookページを検索して選択します。

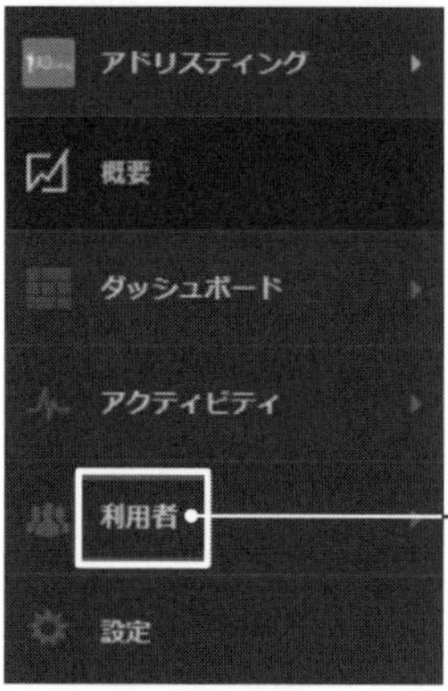

③利用者を選択します。

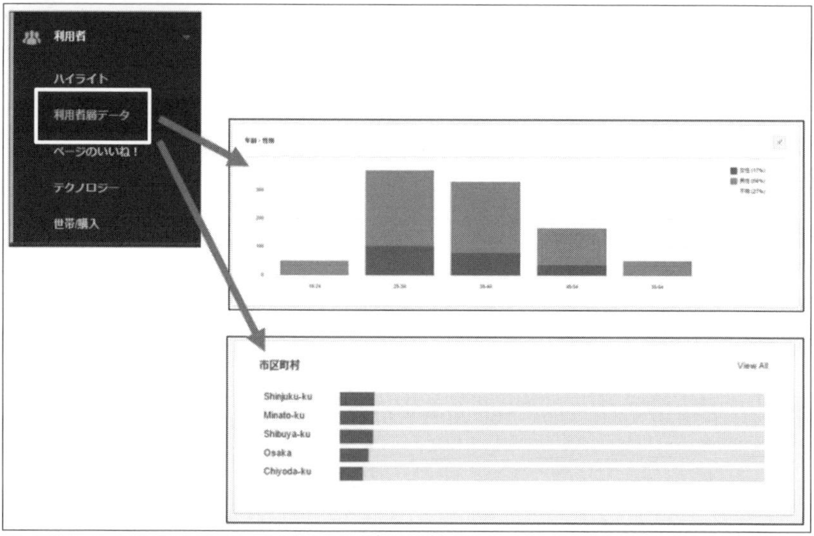

④出てきた項目の中の「利用者データ」をクリックすると、このようなグラフが出てきます。
上のグラフが性別と年齢のデータになり、下のグラフが市町村のデータになります。

この例の場合、男性のほうが多く、25-44歳のユーザーのボリュームが多くなっています。また、新宿区と港区、渋谷区のユーザーが多いことがわかります。

このほかにも、国や言語、学歴、交際ステータスなどのデータもこのAnalyticsというツールで見ることができます。広告配信のセグメントを考える際に活用できそうです。

□ ③自動ルール

みなさんはアカウントを頻繁にチェックしていますか？

他の業務に追われ、ときには「アカウントを見ている時間がない！」という方も少なくないのではないでしょうか。そんなときに役立つのが、この機能です。

自動ルールというツールは、キャンペーンや広告セット、広告にあらかじめ条件を設定したときに、自動で状況を観測し更新してくれる機能になります。

この自動ルールを使用すると、頻繁にアカウントをチェックする必要がなくなったり、手動で行なっていた作業を自動で行なったりすることができます。例えば、CPAが高騰したときなどに自動的に配信を停止したりすることができるのです。

ここからは自動ルールの設定方法について説明します。

①まず、すべてのツールから作成と管理の中にある「自動ルール」をクリックします。

②右上にある「ルールを作成」をクリックします。

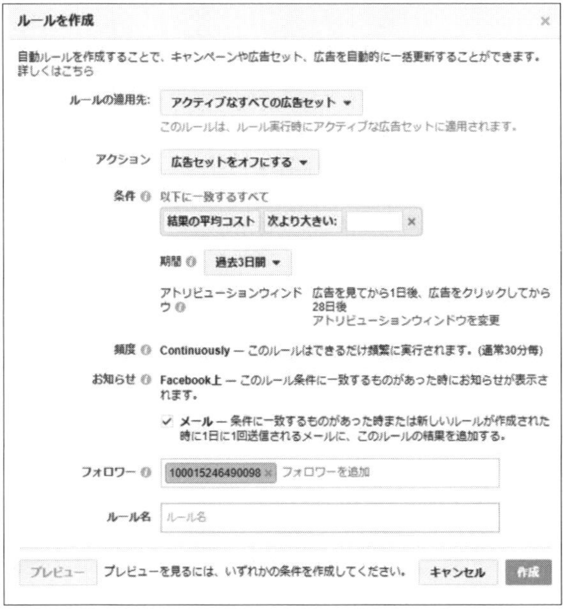

③するとこのような画面が出てきます。

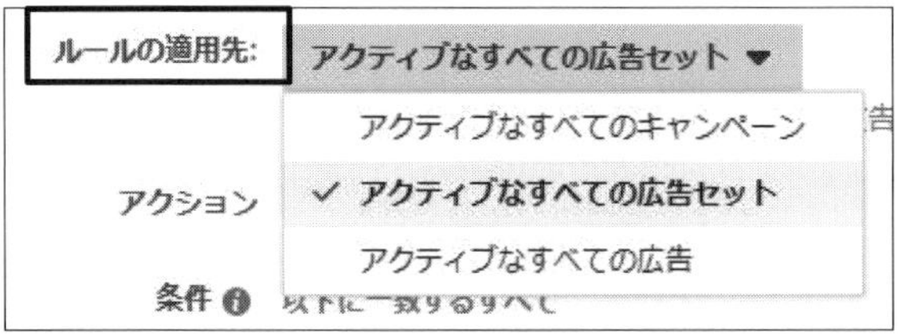

④上から説明すると、まず「ルールの適用先」ですが、次の中から選択することができます。

・アクティブなすべてのキャンペーン
・アクティブなすべての広告セット
・アクティブなすべての広告

⑤特定のキャンペーンや広告セット、広告のみに設定をしたい場合は、広告マネージャやパワーエディターから、該当するものにチェックを入れて「ルールを作成」をクリックすると、特定の自動ルールを作成することができます。

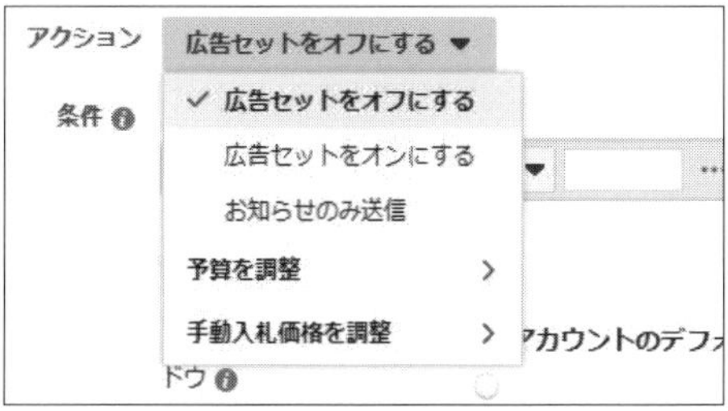

⑥次に「アクション」ですが、キャンペーンと広告に適用する場合に設定できるのは次の２つです。

・キャンペーン（または広告）をオフにする
・お知らせのみ送信

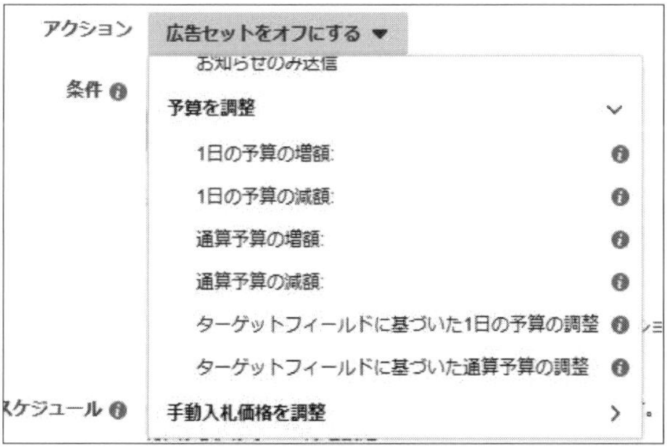

⑦広告セットに適用させる場合は、上記にプラスして次のアクションが設定できます。

・１日の予算の増額・減額（１日の予算を使用した広告セットのみに適用）
・通算の予算の増額・減額（通算の予算を使用した広告セットのみに適用）
・入札単価を増額・減額（手動入札を使用した広告セットのみに適用）

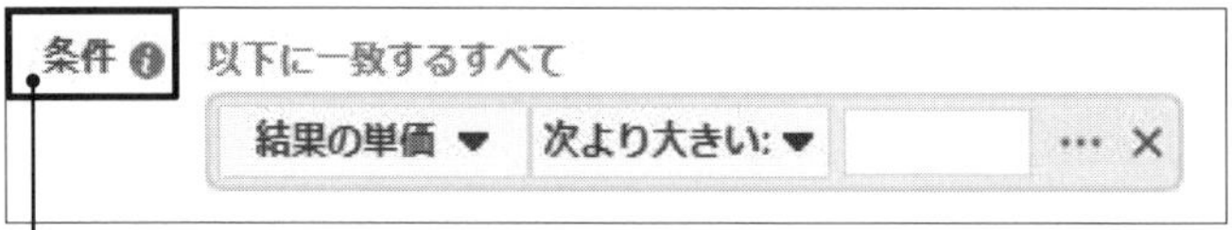

⑧次に「条件」です。さまざまな条件を設定することができます。

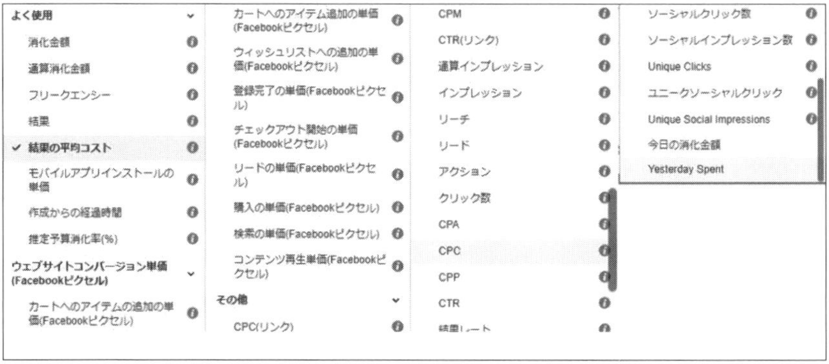

⑨設定可能な条件はこのようなものになります。例えばCPCに自動ルールを設定すると、「CPCが一定金額を超えた場合に広告を停止する」などの条件づけを行なうことができます。

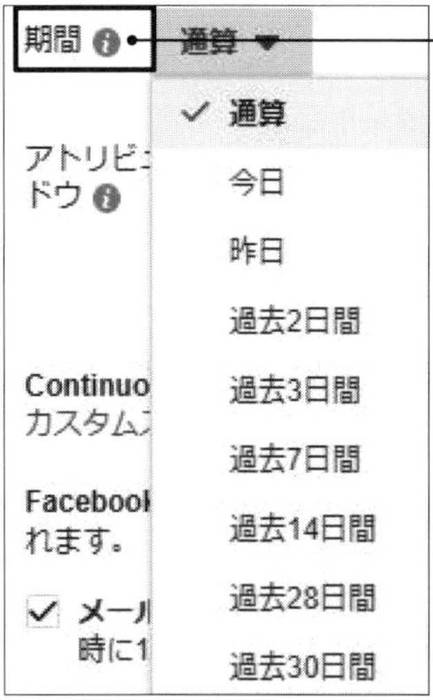

⑩続いて「期間」です。ルールを適用するデータ対象期間を選択します。

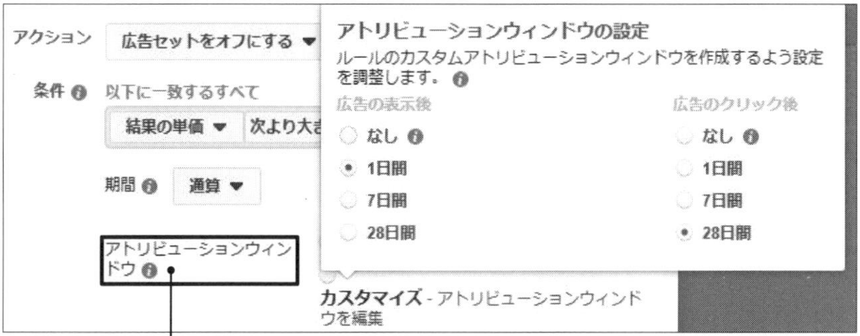

⑪続いて「アトリビューションウィンドウ」です。広告の表示後と広告クリック後のコンバージョンのオプションを設定します。

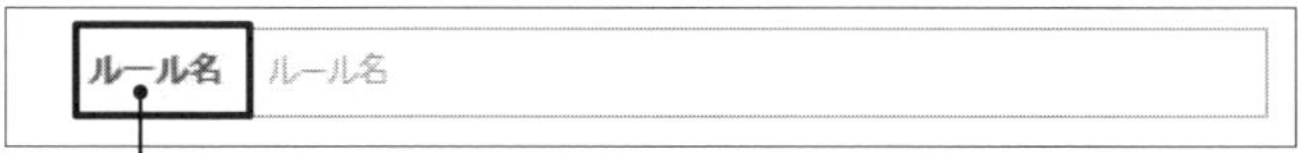

⑫最後にわかりやすいルール名をつけて「作成」をクリックします。

⑬以上でルールの作成は完了です。

□ ④クリエイティブハブ

このツールでは、「モックアップの作成」「インスピレーション」「画像のテキストチェック」ができます。１つずつ説明していきます。

・モックアップ

モックアップとは直訳すると、模型です。モックアップを作成することで、他に人とシェアしたり、実際の広告と同様にプレビューすることができるツールです。

Facebookページ名、プロフィール写真、テキスト、画像を選択して、実際にどのような広告が表示されるかを確認することができます。

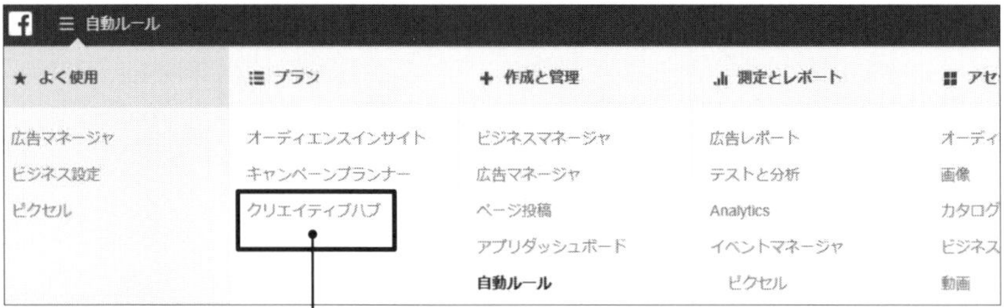

①すべてのツールからプランの中にある「クリエイティブハブ」をクリックします。

②「モックアップを作成」をクリックすると、広告の種類が選択できます。

③次のものを設定するだけで簡単にプレビューを見ることができます。

・Facebookページ名
・Facebookページのプロフィール画像
・テキスト（広告文）
・画像（広告画像）

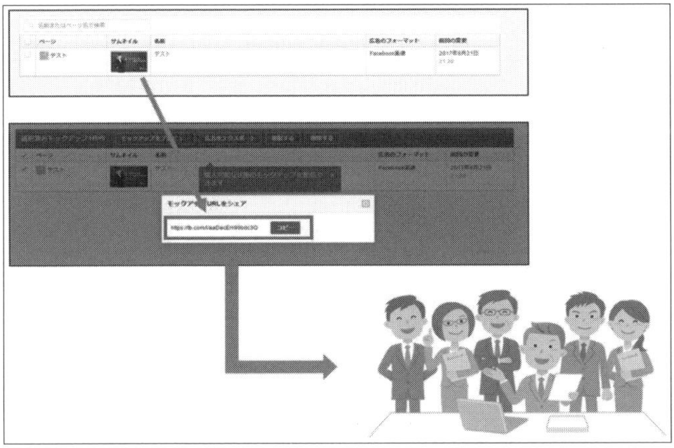

④さらに、他の人に作成したモックアップのURLを送ることで、その人がFacebookアカウントを持っていなくても広告をシェアすることができます。そうすることで、クリエイティブを社内で協議する際などにも活用することができます。

・**インスピレーション**

ここでは、他社が出している広告を見ることができます。

広告作成の参考にすることができ、とても便利なのですが、こちらに載っているものは海外企業の例になり、広告文に関しては英語などを訳す必要があります。

・画像のテキストチェック

画像のテキストチェックをしていきます。

画像内のテキストを減らしてください
広告画像内のテキスト量が多すぎるため、この広告は現在配信されていません。Facebookでは、テキスト量が少ない広告画像、またはまったくテキストがない広告画像の使用を推奨しています。画像内のテキストに関するガイドをチェックしてから、広告を編集してください。

①このようなアラートを見たことがありますか？　これは、広告に使用しているバナー内のテキスト量が多いときに出る注意喚起です。Facebook広告では、バナー内のテキスト量が少なければ少ないほど配信が伸びるといわれています。テキスト量が多いと、極端に配信率が落ちたり、配信されなくなったりしてしまいます。
このようなことになる前に、事前にバナー内のテキスト量チェックができるのがこのツールです。

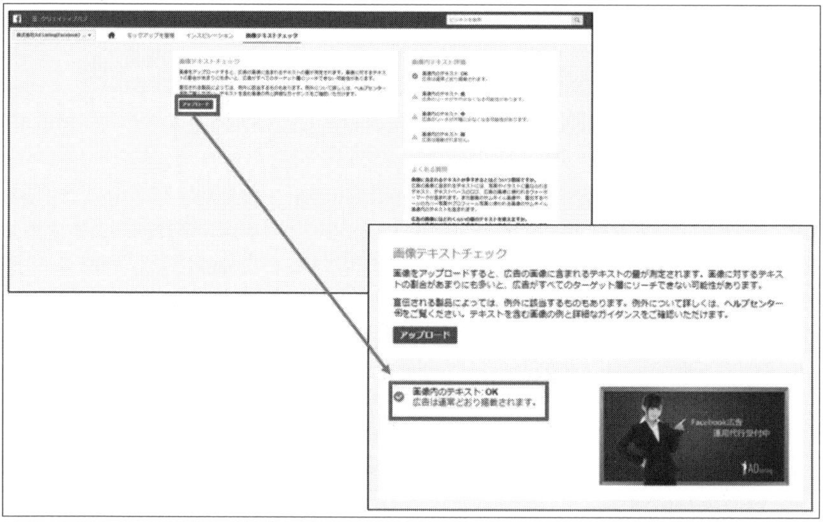

②「画像テキストチェック」をクリックし、アップロードから、バナーに使用したい画像を選択します。上記の画像のようなチェック結果だと問題なく配信されます。

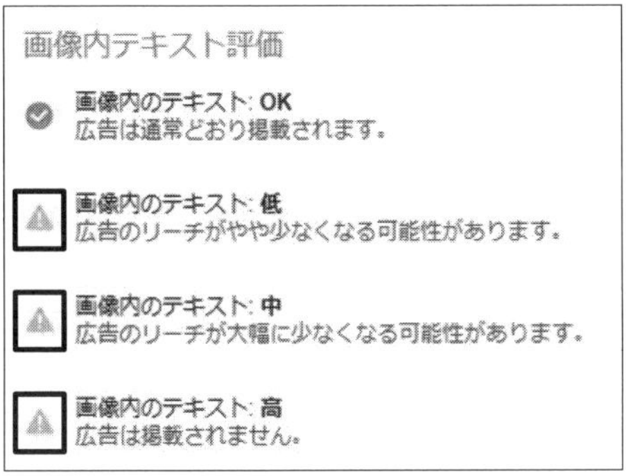

画像内テキスト評価
画像内のテキスト: OK
広告は通常どおり掲載されます。
画像内のテキスト: 低
広告のリーチがやや少なくなる可能性があります。
画像内のテキスト: 中
広告のリーチが大幅に少なくなる可能性があります。
画像内のテキスト: 高
広告は掲載されません。

③評価は４段階あり、注意マークが出ているものは、配信に何らかの障害が発生する場合があるので、画像の修正をおすすめします。

ここで紹介したもの以外でもまだまだ利用できるツールはたくさんあるので、時間があるときなどにでも、いろいろと参考にしてみてください。

せっかく無料で使えるツールなので、ぜひうまくフル活用して、よりよい広告配信ができるように改善していきましょう！

おわりに

Facebook広告の基本からちょっとした応用、事例について紹介してきました。集客のイメージはつかめたでしょうか？

これからFacebook広告をはじめようと思っている方だけでなく、「一度やってみたけれど、うまくいかなくてやめてしまった」という方にも、ぜひあらためて試していただきたいと思います。

Facebookは一時期よりもユーザーの増加率は落ち着いてきていますが、ビジネスツールとして利用するユーザーの割合は年々増加しています。Facebook上でイベントや新規事業などの情報収集を行なったり、ビジネス上のコミュニケーションとして活用したりする目的で利用されているのです。

Facebook広告がローンチされてから、かなりの時間が経過しましたが、今でも広告を配信する企業が多いのは、そうした背景があるためです。

これまで紙媒体の広告をメインに集客を試みてきた企業も多いと思います。もちろん、紙媒体のよさもたくさんあるため、どちらがいいとは言い切れません。しかし、Facebook広告を含むWeb媒体のよさを、本書を読んで知っていただければ幸いです。

例えば、「ターゲットやクリエイティブの変更が簡単にできる」「印刷代などのコストがかからない」といったメリットがすぐに挙げられると思います。また、広告配信で得ることができたデータは、今後の資産として活用していくこともできます。

本書のサブタイトルに、「小さな会社＆お店でも低コストで集客できて売上アップ！」とありますが、実際に集客に悩んでいる方からのお問い合わせをよくいただきます。

「Facebook広告に興味はあるけれど、広告の出し方がわからない」「そもそも効果があるのかわからない」といった声が本当に多く寄せられます。

正直なところ、実際に配信してみなければどのくらいの反応があるかどうかは正確にはわかりません。一度で成果を挙げるというよりも、配信結果を基にして、さらに効果を高めるにはどうしたらいいのかを一緒に考えていきましょう。最終的に、「Facebook広告を配信してよかった！」と思っていただけるように、私たちも日々研鑽をつんでいくつもりです。

本書でもいくつか事例を紹介していますが、実際にもともとブランドの知名度が低かった企業が、Facebook広告でブランディングに成功しているケースも多々出てきています。私たちはさまざまな業種やサービスのFacebook広告を運用していますが、今も次々に新しい配信プロダクトが登場してきており、その中にあなたの会社やお店に合ったプロモーション方法もきっと見つかるはずです。

これからもさらに効果的な配信プロダクトが追加されていくことが予想されます。そのときに「もっと早くやっておけばよかった……」と後悔しないよう、今後の集客プロモーションについて日々考えていくことが大切です。

末筆ながら、この本を読んでいただいた方々の益々のご発展をお祈り申し上げます。

佐藤雅樹（さとう　まさき）

株式会社Ad Listing代表取締役。2012年に株式会社Ad Listingを設立。わずか1年でGoogleパートナー（約7000社）のTOP10に選ばれるほどの広告運用のエキスパート集団を作り上げ、2015年には「ベストベンチャー 100」に選出。業界の中でもいち早くFacebook広告の運用代行をスタートさせ、2016年からはFacebook社からの依頼で広告促進のサポートを行ない、合同セミナーも開催している。Yahoo!株式会社の社内研修を任される他、デジタルハリウッドでスタッフが講師を務めるなど、リスティング広告、Facebook広告の分野では業界トップクラスのノウハウを持つ。

濱田耕平（はまだ　こうへい）

株式会社Ad Listing 執行役員兼WEBマーケティング事業部事業部長。これまで300社以上のWEBプロモーション実績を持つ。デジタルハリウッドなどでWEBマーケティング講座の認定講師も務めるほか、Facebook社開催のBlueprint Liveでも最優秀賞を受賞している。リスティング広告やFacebookだけでなく、そのほかSNSを用いた集客プロモーションにおける最前線のノウハウを元に運用から解析、改善のWEB全般コンサルティングを得意とする。

浅利正也（あさり　まさや）

株式会社Ad Listing WEBマーケティング事業部。1年間に約50社の新規プロモーションに携わる。リスティング広告やFacebookをはじめとするSNS広告運用だけでなく、そのほかDSP広告やランディングページ制作など多岐にわたるプロモーション戦略設計を得意とする。B to BからB to Cまで幅広い集客知見を元に、FacebookやInstagram、Twitter、LINEの「4大SNS」を駆使したクロスメディアプロモーションを多数手がけている。

Facebook広告 完全活用ガイド
小さな会社＆お店でも低コストで集客できて売上アップ！

2018年7月1日　初版発行

著　者　佐藤雅樹 ©M.Sato 2018
　　　　濱田耕平 ©K.Hamada 2018
　　　　浅利正也 ©M.Asari 2018
発行者　吉田啓二

発行所　株式会社日本実業出版社　東京都新宿区市谷本村町3-29 〒162-0845
　　　　　　　　　　　　　　　　大阪市北区西天満6-8-1 〒530-0047
　　　　編集部 ☎03-3268-5651
　　　　営業部 ☎03-3268-5161　振　替　00170-1-25349
　　　　　　　　　　　　　　　　https://www.njg.co.jp/

印刷／厚徳社　　製本／共栄社

この本の内容についてのお問合せは、書面かFAX（03-3268-0832）にてお願い致します。
落丁・乱丁本は、送料小社負担にて、お取り替え致します。

ISBN 978-4-534-05602-3　Printed in JAPAN